JN292671

Newton et la mécanique céleste
ニュートン
——宇宙の法則を解き明かす
1665年6月、ペストが大流行したため
ケンブリッジ大学は閉鎖され、
学生や教師たちは立ち退きを余儀なくされた。
そのなかに学士の称号を得たばかりの
アイザック・ニュートンという若者がいた。
当時23歳だった彼もまた、ケンブリッジを去り、
生まれ故郷に一時帰省する。
そして驚くべきことに、わずか1年半のあいだに、
微積分法、光学（色彩論）、万有引力の法則という
3つの大理論の基礎を
築くことになったのである。
この期間を歴史家たちは
「驚異の年」とよんでいる。
ジャン＝ピエール・モーリ 著
田中一郎 監修
遠藤ゆかり 訳
知の再発見 双書139
SG 絵で読む世界文化史

Newton
et la mécanique céleste
by Jean-Pierre Maury
Copyright © Gallimard 1990
Japanese translation rights
arranged with Edition Gallimard
through Motovun Co.Ltd.

本書の日本語翻訳権は
株式会社創元社が保持
する。本書の全部ない
し一部分をいかなる形
においても複製、転載
することを禁止する。

日本語版監修者序文

田中一郎

アイザック・ニュートンが生まれたころ，宇宙は月を境にして，まったく異質な２つの世界から構成されていると考えられていた。月より上の，神々が住み，不変で永久に円運動を続ける「天上の世界（天上界）」と，月より下の，変化に富み，生成と消滅を繰り返す「地上の世界（月下界（げっかかい））」である。それら２つの世界を支配する法則は，まったく異なるものであると，当時の人びとは心から信じていたのである。ところが，ニュートンの研究によって，天上の世界も地上の世界も同じ法則によって支配されており，単一の世界を構成しているということが示された。これは文字通り，世界の枠組みを根底からくつがえすような驚きを人々に与えたのである。

もちろん，ニュートンが生まれる100年前に，ポーランドの天文学者ニコラウス・コペルニクスが地動説を唱え，宇宙の中心には太陽があり，その太陽のまわりを地球を含むすべての惑星が公転していると主張していた。だが彼の説は，宇宙の中心は地球ではなく太陽であるとした点では正しく，革命的なものだったが，惑星は太陽のまわりを「完全な円」を描いて「等速運動」をしながらまわっているとした点では，彼が否定した古代以来の天動説とほとんど変わらなかった。つまり，「神が創造した高貴な天体」の運動には，「完全な図形である円」と「完全な運動である等速運動」がふさわしいと言ってしまえば，それ以上の説明は必要なかったのである。

このコペルニクスの地動説は，ドイツのヨハネス・ケプラーが惑星の楕円軌道を発見したことで，限界を露呈してしまった。その他にも，コペルニクスがうまく説明することができなかったさまざまな問題があった。たとえば，この巨大な地球を動かしているのは，いったいどのような力なのか。あるいは，もし地球が高速で動いているとすれば，なぜ地上にある建物や人間は吹き飛ばされてしまわないのかといった問題が，未解決の問題として次世代に残されたのである。

コペルニクスが地動説を発表して20年ほど後に，イタリアでガリレオ・ガリレイが生まれる。彼が自作の望遠鏡を初めて宇宙に向けたことで，地動説は確かな裏づけを得る。たとえば月には山や谷が存在しており，地球と何ら変わるところがなかった。これは，それまで信じられていた宇宙の姿とは大きく異なるものであり，大変な驚きを人びとに与えた。金星の満ち欠けも，それまでの天動説では説明しがたい現象だったし，木星の衛星の発見も，宇宙には一つの中心しかなく，すべての存在はそのまわりを回っているという従来の考えを完全に否定するものだった。だが，ガリレオの力学もまた，こうしてもたらされた数々の大発見を，うまく説明することができなかった。天体の運動を総合的に説明する力学は，ガリレオが亡くなった1642年に誕生したニュートンの登場を待たねばならなかったのである。

ニュートンがリンゴの落ちるのを見て，万有引力を発見したという話はよく知られている。そうした出来事は実際にはなかっただろうが，彼の研究の本質と困難を知る上で象徴的なエピソードである。つまり，すべての物質が，存在するだけで他のものに力を及ぼすことができる「万有」引力が，距離の２乗に反比例するという法則を確かめるためには，地上の物質の落下と月の運動を比べる必要があった。だが，リンゴと地球の距離は地上数メートルと考えればよいのか，それとも地球の中心までの距離，６千キロメートルと考える必要があるのかが分からなければ，問題を解くことはできない。地球のような大きな物質であっても，物質はあたかも重心にすべてが集まっているかのように振る舞うということを明らかにして初めて，それらは同じ法則によって動かされていると証明できたのである。このようにニュートンの力学研究と数学研究は，ばらばらな２つの研究ではなく，彼の内では分かちがたく結ばれていたということが分かる。

コペルニクスからニュートンまでの一連の科学上の出来事は，「科学革命」と呼ばれることがある。それは，ひとことで言えば，コペルニクスが地動説を唱えたことで開幕し，そのコペルニクスが解けなかった問題をニュートンがすべて解決することで完成したと言うことができる。それは文字通り「革命」と呼ぶにふさわしく，単に科学上の事件というに留まらず，神学観を含む人びとの思考様式までも変えてしまう重大な意味をもっていたのである。

ニュートン自身について考えれば，その研究は力学や数学だけでなく，光学から錬金術や神学にまで及ぶ広範な広がりを見せていた。彼の力学研究が，科学研究にとっての数学の役割を示すひな形になったとすれば，彼の光学研究は，実験の重要性を後世の科学者に示したと言うことができる。

本書は，ニュートンによって明らかにされたことだけでなく，彼によって科学の新しい地平が拓かれたということを余すところなく伝えてくれている。

「世間が私をどう見ているかはわかりませんが，
私自身は自分を，浜辺で遊ぶひとりの
子供のようなものだと思っています。
私はただ，形のよい小石や綺麗な貝殻を
探すことに夢中になっている。
だが，そのすぐ眼の前には，大いなる真理の海が，
いまだ発見されぬまま広がっているのです」

アイザック・ニュートン

(p.5～11)
C・ドナート画『天体観測』

CONTENTS

ニュートン—宇宙の法則を解き明かす—

ジャン＝ピエール・モーリ❖著
田中一郎❖監修

「知の再発見」双書139
創元社

❖1665年６月，ペストが大流行したためケンブリッジ大学は閉鎖され，学生や教師たちは立ち退きを余儀なくされた。そのなかに，学士の称号を得たばかりのアイザック・ニュートンという名の若者がいた。当時23歳だった彼もまた，ケンブリッジを去り，生まれ故郷に一時帰省する。そして驚くべきことに，わずか１年半のあいだに，微積分法，光学（色彩論），万有引力の法則という３つの大理論の基礎を築くことになったのである。この期間を歴史家たちは「驚異の年（アヌス・ミラビリス）」とよんでいる。……………………………………………

第１章

1665〜66年――「驚異の年（アヌス・ミラビリス）」

〔左頁〕ウールスソープのニュートンの家――イングランド中東部のリンカンシャーにあるこの家で，ニュートンは１年半の休暇を過ごさなければならなかった。だがその休暇こそ，科学史のなかでも，もっとも実り多い休暇となったのである。

⇨プリズムを使った光の実験

アイザック・ニュートンは，イタリアの天文学者ガリレオが亡くなった1642年に生まれた。誕生日はクリスマスの日，つまり12月25日である。その数ヵ月前，地主だった父がこの世を去っており，2年後，母は再婚し，隣村に引っ越した。幼いアイザック少年は，ニュートン家が200年の間所有してきたウールスソープ（イングランド中東部）の土地に残され，祖母の手で育てられた。

ニュートンが14歳になったとき，母は再婚した夫と死別し，2度目の結婚で生まれた3人の子どもを連れてウールスソープに戻ってきた。まもなく母は農業をやらせるために，ニュートンを学校からよびもどした。しかしニュートンは，そうした仕事にまったく興味を示さなかった。彼は本を読んだり，妹たちのための人形の家，ミニチュアの風車，水時計などの工作をして時間を過ごすことが好きだった。手先の器用なニュートンは，見事な作品を次々とつくり，水時計などはそれから何年も動いたほどだった。

息子が農業に向かないことを悟った母は，ニュートンをふたたび学校へ行かせることにした。18歳のとき，彼はケンブリッジ大学のトリニティ・カレッジに入学した。そしてちょうど学業を終わらせたとき，ペストで大学が閉鎖となり，実り多き18ヵ月間の休暇が始まったのである。

田舎で，ニュートンはケンブリッジではじめた光に関する実験を続けた

1664年からニュートンは，読んだ本のこと，実験の内容，考えたことなどを

⇩1665年のロンドンにおけるペスト――この大規模なペストは，ロンドンだけで7万人以上の犠牲者を出した。これは当時の大衆向けの版画で，ありとあらゆる手段で町から逃げだそうとする人びとや，葬列の様子，荷車に山と積まれた遺体などが描かれている。

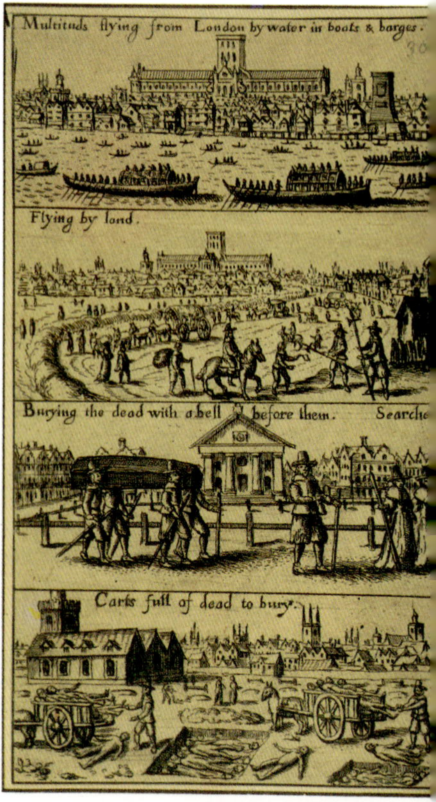

ノートにメモするようになった。それらのノートから，ガリレオの『天文対話』，フランスの哲学者デカルトの『幾何学』，ドイツの天文学者ケプラーの著作，とくに光と色の問題に関する論文について，彼がさまざまなことを考えていたことがわかる。

その当時，ずっと以前から人びとは，ガラスのプリズムはそこを通る太陽光線に「色をあたえる」ことを知っていた。このプリズムの実験はすでに，1558年

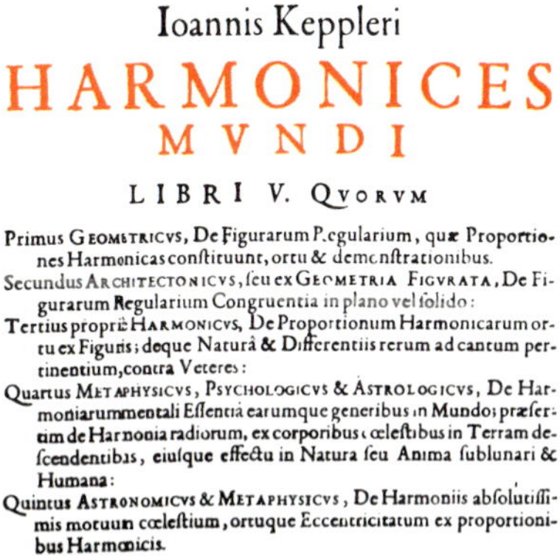
Ioannis Keppleri
HARMONICES
MVNDI
LIBRI V. QVORVM
Primus GEOMETRICVS, De Figurarum Regularium, quæ Proportiones Harmonicas constituunt, ortu & demonstrationibus.
Secundus ARCHITECTONICVS, seu ex GEOMETRIA FIGVRATA, De Figurarum Regularium Congruentia in plano vel solido:
Tertius propriè HARMONICVS, De Proportionum Harmonicarum ortu ex Figuris; deque Naturâ & Differentiis rerum ad cantum pertinentium, contra Veteres:
Quartus METAPHYSICVS, PSYCHOLOGICVS & ASTROLOGICVS, De Harmoniarum mentali Essentiâ earumque generibus in Mundo; præsertim de Harmonia radiorum, ex corporibus cœlestibus in Terram descendentibus, eiusque effectu in Natura seu Anima sublunari & Humana:
Quintus ASTRONOMICVS & METAPHYSICVS, De Harmoniis absolutissimis motuum cœlestium, ortuque Eccentricitatum ex proportionibus Harmonicis.

⇧ケプラー著『世界の調和』

⇦ガリレオ著『天文対話』──この2冊は若きニュートンの愛読書だった。1609年に出版された『世界の調和』では，幾何学的，美学的，形而上学的な多くの考察と共に，惑星の運動に関する3つの法則が示されていたが，のちにニュートンが，それらの法則を最初に証明する人物となる。

1632年に出版された『天文対話』は，ガリレオに有罪判決をもたらしたが，近代天文学の宣言書としてヨーロッパ中で受けいれられた。天体はようやく「完全な天」の支配を逃れ，以後，物理学の論理に従うことになったのである。

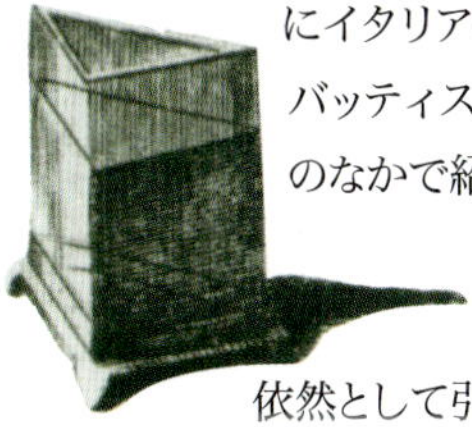

にイタリアのナポリで出版された哲学者ジャンバッティスタ・デッラ・ポルタの『屈折について』のなかで紹介されている。しかし，その色についての説明は，古代ギリシアの哲学者アリストテレスの古くさい思想を依然として引きずるものだった。つまり，光は白で，光が弱まるにつれてさまざまな色が生じるというものである。虹が同じ種類の現象によって起こることも，すでに知られており，この場合は水滴がプリズムの役割をはたしているとみなされていた。ニュートンはこうした先行する情報をすべて頭に入れた上で，研究をつづけた。

ついにニュートンは解答を見いだす。「白い」光は，すべての色の光が混ざったものだった

プリズムは，それらの光を別々に屈折させていたのだった。こうした考えが生まれたときのことを，その数年後に彼は手紙のなかでこう語っている。

「1666年のはじめに，私はガラスのプリズムを手に入れて，あの有名な色の実験をしました。部屋を暗くし，よろい戸に

〔左頁〕滝の水の視覚効果

⇩ペルーで観測された虹の現象――虹はあらゆる面で，つねに人びとを不思議がらせ，長いあいだ超自然的な性質を持つものとみなされてきた。ルネサンス以降，虹は科学者たちの研究対象となったが，この問題においてもまたニュートンが，正しい説明を示した最初の人物となった。

このふたつの絵には，特別な状況における現象が描かれている。左頁は，滝によって局所的に生じた水滴によって，円形のスペクトル（色の帯）が生じたところ。下は，アンデス山脈という非常な高地で生じた珍しい虹の現象である。

小さな穴を開けて，太陽の光が適切な量だけ入るようにしたあと，この穴にプリズムを向け，反対側の壁に光を屈折させました。最初は，そうしてできたあざやかな色を眺めて楽しんでいました。ところがしばらくして，私はそれらの色をもっと注意深く観察しはじめたのです」

まずはじめに，ニュートンは壁に映った光は色がついているだけでなく，長細いことに気づいた。プリズムによって，「青い部分」が「赤い部分」よりも大きく屈折したためである。

⇧ニュートンの肖像――彼は，太陽の「白い」光はすべての色の光が混ざったもので，プリズムはそれらの光を分散させることを発見した。そのときニュートンは24歳だった。

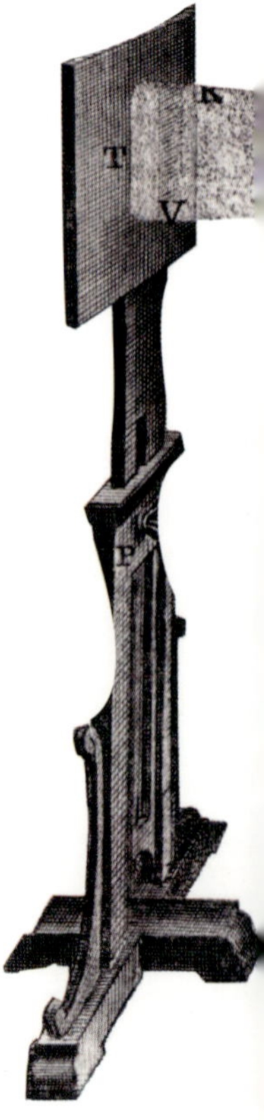

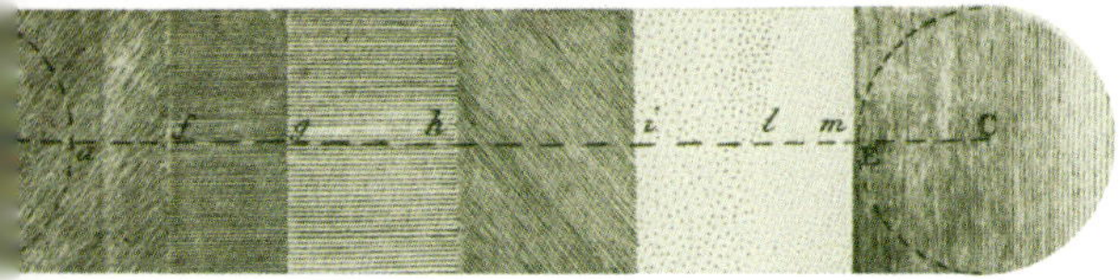

⇩プリズムを使って色の分解を証明する実験――この装置は，ニュートンが使っていたものよりもずっと洗練されている。ニュートンは，よろい戸にあけた穴，プリズム，スクリーンがわりの壁を利用しただけだった。

プリズムに欠陥があるのだろうかと彼は考えた。そこでニュートンは，プリズムのうしろにもうひとつ別のプリズムを逆さにして置いてみた。そうすれば欠陥が補われ，光が正しく屈折すると思ったからである。ところが意に反して，今度は丸

くて白い光ができた。

あれこれ試してみた結果,ついにニュートンはみずから「決定的実験」と名づけた実験を行なうことになる。それは小さな板にあけた穴を使って，最初のプリズムによってできた光の青い部分だけを分離し，それを2番目のプリズムに通すという実験だった。2番目のプリズムを通った青い光は，屈折はしたものの分散はせず，色も青のままだったのである。

今度こそ，ニュートンは確信した。太陽の「白い」光はすべての色の光が混ざったもので，プリズムはそれらの異なる光を別々に屈折させていたのである。それからというもの，ニュートンは実験を重ね,色のついた光を混ぜることで「白い」光ができるさまざまな方法をあきらかにした。

奇妙なことに，ニュートンはこの途方もない発見について，沈黙を守りつづけた

これには，いくつかの理由が考えられるだろう。まずはじめに，ニュートンはこのときまだ学生だった。これほど革新的な発見は，教授たちの敵意をかきたてることになると，彼は知っていた。事実，彼は自分が教授になってから，5年後にこの発見を発表し，反射望遠鏡を考案したという業績のお

かげで，同僚たちからこの発見を認めてもらうことができたのである。こうしたニュートンの姿勢は，生涯変わらなかった。彼が自分の発見を公表するときは，つねに強制されてのことだった。たしかに彼は，なによりも実験を重ねて証拠を集めることに気を配っていたのだろうが，それ以上に彼は孤独を好む内気な性格で，論争によって騒動が引きおこされることを恐れていた。ようするにニュートンは，陽気で論争好きだったガリレオとは対照的な人間だったのである。

「白い」光はすべての色の光が混ざったものであるというニュートンの大発見は，5年間秘密にされた。しかし，「驚異の年（アヌス・ミラビリス）」のもっとも大きな成果といえるより重要な発見について，ニュートンはなんと20年ものあいだ沈黙を守りつづけたのである。それは，重力と万有引力の発見だった。

ニュートンはリンゴと月を見て，万物を動かす力を発見した

以下の有名なリンゴのエピソードは，おそらくつくり話だろう。もちろん，本当のところは誰にもわからないのだが。

ある秋の夜，ニュートンはウールスソープの家の庭に植わっているリンゴの木の下で，月を見ながら夢想にふけっていた。そのとき，リンゴがひとつ落ちてきた。支えがないものはすべて，地表に落ちてくる。では，月はどうなのか。月には支

〔右頁〕ニュートンとリンゴの木――ニュートンだけでなく，リンゴは人類にとって，つねに大きな役割をはたしてきた。古くは，人類の母なるイヴを堕落させ，ギリシア神話ではパリスがアフロディテにあたえたリンゴが原因でトロイア戦争が起きた。伝説の英雄ウィリアム・テルの息子の頭に乗せられたリンゴは，スイスを救った。白雪姫でも，リンゴは重要な小道具である。

有名なニュートンのリンゴもまた，挿絵画家たちの創作意欲をかきたてた。たとえばフランスの漫画家ゴトリブは，ニュートンの頭にリンゴが落ちてきた無礼な絵を描いている。またこの版画のように，リンゴを前に思いをめぐらすニュートンの姿を描いたものも多い。

いずれにせよ，ニュートンのエピソードで重要なポイントは，リンゴをじっと観察することではなく，リンゴと月をくらべるところにあった。

えとなるものがないのに，なぜ月は落ちてこないのか。突然，ニュートンはひらめいた。月は落ちているのだ！

月は，地球に向かって落ちている。そうでなければ，どんどんまっすぐ進んで，無限のかなたに消えてしまうはずだ。月は地球に向かって落ちているが，「横方向の速さ」のほうが大きいので，地球からの距離を保ったまま地球のまわりをまわっているのだ。そして，月が地球のまわりをまわっているなら，地球は太陽のまわりをまわり，ほかの惑星も太陽の

⇦17世紀の宇宙の描写（1689年の版画）

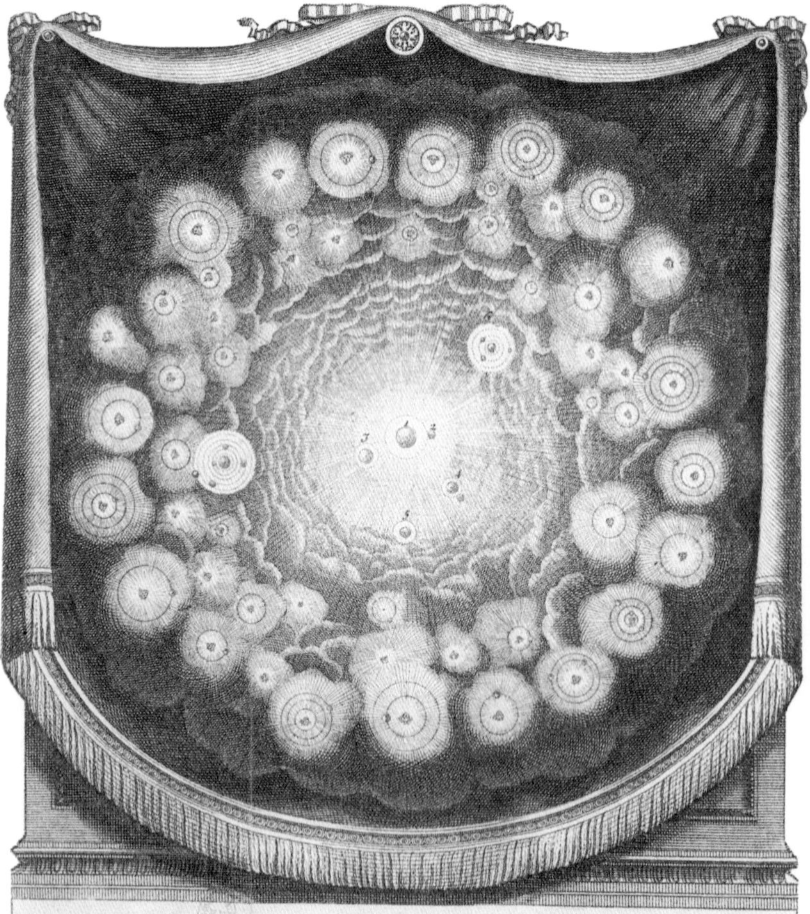

まわりをまわっているはずだ。さらに衛星は惑星のまわりをまわっている。広大な太陽系の動きはすべて，リンゴの落下と同じ原理で説明することができるのではないか。ニュートンはそう考えたとエピソードは伝えている。

ニュートンと同時代の人びとは，彗星の起源を説明することができなかった

この「驚異の年」とよばれる1665～66年は，ポーランドの天文学者コペルニクスが，惑星が太陽のまわりをまわっているという太陽中心説（地動説）を発表してから120年たっていた。またケプラーが，惑星の運動に関する法則を発見してから50年，そしてガリレオが，それらが事実であると表明したために有罪判決を受けてから30年がたっていた。

さらにガリレオは，重要な説を主張していた。それは裁判官の側から見れば，よりいっそうの断罪に値すべきものだった。2000年も前から地上と天界のあいだにあるとされてきた障壁を，ついに彼は破ってしまったからである。

2000年ものあいだ，天文学と物理学は切りはなされてきた。プラトンやアリストテレスの時代から，天体の運動に自然界の原因を見いだそうとすることは禁じられていた。なぜなら，天体そのものも天体の運動も，「完璧なもの」とみなされていたからである。ところが月面に山が，太陽に黒点があるという事実を示すことで，ガリレオは天体が「完璧」であるという考え方を粉砕してしまった。月も地球と同じく完璧なものでないのならば，どうして月の動きが，身近なものを動かすのと同じ原理に即していないわけがあるだろうか。月とリンゴには自然界の同じ法則が働いているという発想は，ガリレオの時代には神を冒涜するもの

〔左頁〕太陽系——18世紀に描かれたこの版画では，数多くの惑星と厚く垂れこめた雲が，とくに好奇心を刺激する。この雲は宇宙の闇を表現したもので，太陽の光だけがそれを押しのけることができる。

合理主義の祖といわれる前5世紀のギリシアの哲学者パルメニデスは，古代の宇宙論から「もやのかかった闇」を追いはらったが，それから2200年後まで，その闇は芸術家たちの空想のなかで生きのびたのである。

⇩ヴェネツィアの総督と元老院に天体望遠鏡の説明をするガリレオ——この望遠鏡で，ガリレオは議員たちに遠くにある船や建物を見せている。その一方，彼自身はすぐにこの新しい器具を使って，天体を観測しはじめた。

PLANISPHÆRIVM
Sive
MVNDI TOTIVS,
TYCHONIS
PLANO
CAPRI CORNVS
SAGIT
AQVA RIVS
PIS CES
ARI ES
TAV RVS
GE MINI
CAN
CIRCVLVS IOVIS
IVPITER
CIRCVLVS MARTIS
MARS
VENVS
MERCVRIVS
CIRCVLVS VENERIS
LVNA
SYSTEMA PLANETA
RUM SOLEM HUC
DESCENDEN
TEM COMI
TANTIUM
MARS MARTIS CIRCVLVS
IVPITER IOVIS CIRCVLVS
SATVRNVS SATVRNI CIRCVL

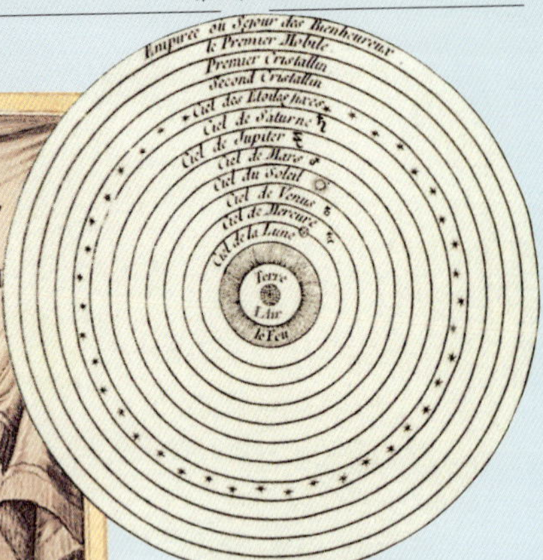

ティコ体系

ルネサンス期には，完全な秩序を保つプトレマイオス体系（上）に対する不満が出てきた。2世紀の天文学者プトレマイオスは，世界の中心には静止した地球があり，そのまわりを何層もの天球がとりまいていると考えていた。

地球が世界の中心にあり静止しているという説はあまりにも確立されていたため，その説は保ちつつ，観測された天体の運動を説明する試みがなされるようになった。たとえば16世紀にデンマークの天文学者ティコ・ブラーエは，地球は世界の中心で静止し，そのまわりを太陽が1年かけてまわり，太陽のまわりでは惑星がまわっていると主張した。

PLANISPHÆRIVM
Sive
VNIVERSI TO
EX HYPO
COPERNI
PLANO
Prostant Amstelædami apud
GERARDUM VALK, et
PETRUM SCHENK
ORBIS SATVRNI
SATVRNVS
ORBIS MERCVRII
VENVS
MERCV
MARS
LVNA CVM MVNDO SVBLVNARI
GLOBI
MARTIS
ARIES
TAVRVS
GE
TVM

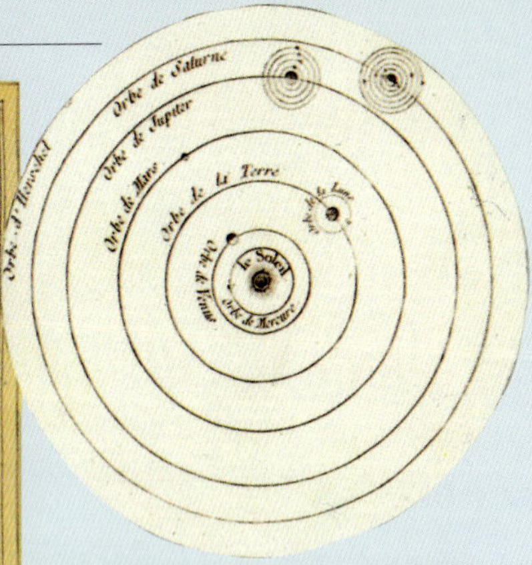

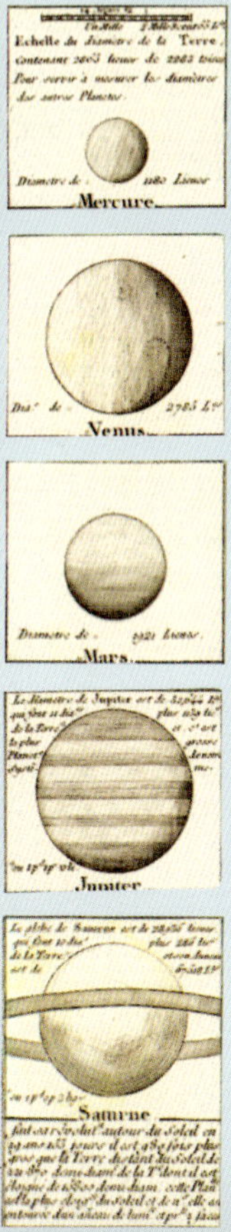

コペルニクス体系

コペルニクス体系の出現によって，すべてはより単純化された。地球は静止してもいないし，世界の中心にあるのでもない。地球はほかの惑星と同じく，太陽のまわりをまわっている。これらの惑星の外観は観測機器の改良によってすぐに判明したが，大きさを知るためにはまず距離を測らなければならない，つまり太陽系の測定を行なう必要があった。完全な測定によってすべての惑星を知るために，まずは太陽系の比率，つまり太陽・地球間，太陽・火星間などの距離関係を決定しなければならなかった（1672年）。上は，1800年代の版画。当時はまだハーシェルと呼ばれていた天王星が，すでに描かれている。

だった。

その後フランスの哲学者デカルトは，すべての同時代人と同じく，離れた場所からなんらかの作用がおよぼされるという考え方を嫌っていたので，天体と天体のあいだにある空間を満たすために，「渦動」（粒子の渦状の運動）というものを考えだした。この目に見えない物質でできている渦動があるおかげで，惑星や衛星がすべて同じ方向へ動くと仮定したのである。

ただし，当時知られていたすべての惑星と衛星は同じ方向にまわっていたが，彗星のなかには逆方向にまわるものもあった。それらは渦動を無視しているのか（もしそうなら，それはなぜなのか）。あるいは，渦動が存在しないのか。

それとも，離れた場所からある種の作用がおよぼされていること，何十万キロメートルもかなたにある月を地球が引き寄せていることを，やはり認めなければならないのだろうか。

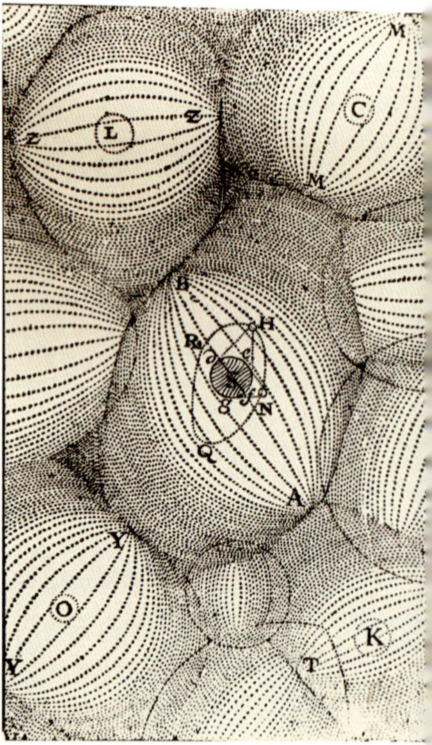

⇧デカルトの渦動説の説明図——1628年以降，プロテスタント教国オランダに居を移し，カトリック教会の権力におびえる必要がなくなったにもかかわらず，ガリレオと同じような厄介事（彼は1633年にカトリック教会から有罪判決をいいわたされた）に巻きこまれることを恐れたデカルトは，自分が考えた「宇宙体系」を発表しなかった。

ニュートンは引力の法則を探った。それは距離によってどのように異なるのか

地球の中心からの距離，つまりリンゴの場合は6400キロメートル，月の場合は38万キロメートルと，それぞれが1秒間にどれだけ「落ちる」のかを計算し，ニュートンは法則を発見した。引力は「距離の2乗に反比例する」のである。

惑星の軌道が円を描いているのなら，太陽がほかの惑星におよぼしていると思われる引力にも，この法則が適用できるだろう。しかし惑星の軌道は楕円だというケプラーの発見があったため，当時の数学では計算することができなかった。

Desfontaines del.t
1791
Moret Sculp.t
DESCARTES COMPOSANT SON SYSTÈME DU MONDE.
René Descartes, né à la Haye en Touraine en 1596,
la gloire de la France. Christine, Reine de Suède, fut plus

またニュートンは，球体（地球や太陽など）の中心を距離の基点と仮定していた。しかし彼は仮定では満足せず，そのことを証明したいと考えていた。

そのためには，こんにち微分学と呼ばれている新しい数学の分野を発見すると共に，ガリレオによる力と運動の理論を発展させることが必要だった。それには長い年月がかかったが，すでに見たように，ニュートンは急いで自分の発見を公表しようとはしなかった。万有引力の法則が世に知られるまでには，さらに20年近く待たなければならなかったのである。

そのあいだに，ヨーロッパの天文学は一変した。

⇧宇宙体系をつくりあげるデカルト――月の直径は太陽の直径の4分の1で，月の中心から地球の中心の距離は地球の直径の30倍である（下）。

❖「1667年6月21日火曜日，夏至の日，オズー氏，フレニクル氏，ピカール氏，ブオ氏，リシェ氏が，石の上に子午線を引くために早朝から天文台に集まった」――これはパリ天文台の建設開始をつげる当時の記録である。その後10年のあいだにパリ天文台では，地球，太陽系，光の速さの測定などがつぎつぎに行なわれていった。……………………………………

第2章

近代天文学の誕生

〔左頁〕『17世紀のパリ天文台』――1667年には，ヨーロッパの大勢の科学者がパリに集まった。パリ天文台の建設によって，パリは当時の天文学の一大中心地となった。

⇨『科学アカデミーの設立』（部分）

フランスの科学アカデミーは1666年に宰相コルベールによって設立されたものだが，科学者たちの集まりはその30年近く前からすでに存在していた。ほかの国と同じくフランスでも，科学者たちはたいていメンバーの誰かの家で定期的に集会を開き，研究や発見について話しあう習慣があった。

パリでは，科学全般に興味があった好事家メルシセデック・テヴノーの家で，このような集まりが行なわれていた。たとえばこの集まりで，ヨーロッパ中の学者と文通していた科学者メルセンヌは，デカルトにイギリスの哲学者ホッブズを紹介した。数学者ジル・ド・ロベルヴァル，哲学者ガッサンディ，科学者で哲学者のブレーズ・パスカルも，この集まりに参加していた。

外国では同じようなグループが，すでにパトロンの庇護を得たり，一定の地位を築くなどしていた。イタリアのフィレンツェでは，1657年以降，枢機卿レオポルド・デ・メディチがアカデミア・デル・チメントを援助していた。バイエルンで

⇩『科学アカデミーの設立・1666年と，天文台の創設・1667年』――この絵は，「天文台が創設されたとき，国王ルイ14世にアカデミーのメンバーを紹介するコルベール」を描いたもの。実際は，ルイ14世がパリ天文台を公式訪問したのは1682年になってからのことである。しかしここで描かれているように，科学アカデミーとパリ天文台はルイ14世とコルベールによってつくられたものだった。

は神聖ローマ皇帝レオポルト１世が自然科学者アカデミーの支援者となり，イギリスでは1645年に王立協会が設立された。コルベールは,フランスの科学者たちの集まりの「国有化」を決め，科学アカデミーを設立した。

最初の７人のメンバーのうち，４人が天文学者だった。オズー，ピカール，ロベルヴァル，そしてオランダ人のホイヘンスである。著名な天文学者で偉大な物理学者のホイヘンスは，国王ルイ14世によってパリに招かれたばかりだった。彼は土星の環を発見したばかりか，振り子時計も発明し，そのことは天文学を一変させることになるのである。

ホイヘンスの時計とオズーのマイクロメーターにより，天文学の分野で10万倍も正確な測定が可能になった

17世紀のはじめ，ガリレオにとって規則正しい時間を計る唯一の方法は,自分の脈をとることだった。そのようにして，

彼は斜面の法則を発見したのである。おそらく同じ方法で，彼は振り子の揺れについても研究した（教会でのミサのあいだ，揺れ動くランプを見ながらこの研究をしたという）。そして振り子が揺れて往復する時間は，揺れの幅によらず一定であることを確認したのだった。

この発見から，ホイヘンスは時計の調速機に振り子を使うことを思いついた。そのときまで，機械時計は弾力性のある薄板を使った装置によって粗雑に制御されていただけで，若いころのニュートンがウールスソープでつくったような水時計よりも正確さの点で劣っていた。しかし調速機に振り子を使うことで，時計の精度は向上した。1665年ころ，機械時計は１秒ごとに制御することが可能になった。

オズーのマイクロメーターは，ねじを回転させることで望遠鏡の接眼レンズの前の線を動かす器具で，この器具によって，線を正確に星の位置と合わせることができるようになった。ねじの回転によって生じる角度を目盛りで読み，0.01ミリメートル単位での計測が可能になったのである。

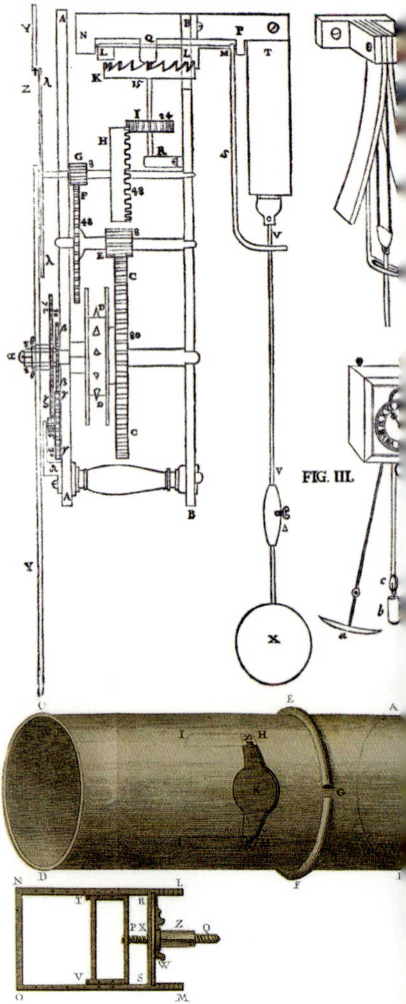

⇧ホイヘンスの時計とオズーのマイクロメーターの図版——このふたつの発明によって，天文学における測定の精度は急激に高まった。

精密天文学の時代が到来した。早くも1665年に，オズーはルイ14世に天文台の建設を提案した

「陛下，陛下の名誉とフランスの名声のため，われわれは望みます。将来的に，ありとあらゆる種類の天体観測を行なうことのできる場所をお定めになり，そのために必要なすべて

の道具をそこに備えつけることをお命じください」

1667年に，コルベールは国王の名前で「風車小屋がある１区画の土地」を購入した。夏至の日，科学アカデミーの天文学者たちがこの土地にやってきて，天文台の方向を決定するため，地面に子午線を引いた。

天文台が完成したのは，1672年になってからのことである。しかし天文学者たちは，すぐに仕事にとりかかった。すでに1667年から決定していた最初の仕事は，地球の大きさを正確に測定することだった。

⇧クリスチャン・ホイヘンス――ガリレオやニュートンと並んで，ホイヘンスは17世紀の偉大な物理学者のひとりに数えられる。土星に関する発見（環と最初の衛星）と振り子時計によって非常に早くから知られていた彼は，はじめて確率論を発表し，曲線のメカニズムや計算を高度に発展させ，光の波動説をとなえた。彼は科学アカデミーの創設時にコルベールによってパリによびよせられたが，1685年にナントの勅令（プロテスタントに信仰の自由を認めた勅令）が廃止されたとき，追放された。

1900年前のアレクサンドリアで活躍した天文学者たちのように，パリ天文台の天文学者たちは，天体にとりくむ前に地球の測定にとりかかった

地球は球状と考えられていたため，その大きさを知るためには，緯度１度に対する子午線（経線）の長さを測定するだけでよかった。その上で，その長さを360倍すれば，地球を１周する大円の大きさがわかるというわけだ。

できるだけ精密に行なわれた測定によって，緯度１度に対する子午線の長さは約110キロメートルであることがわかった。このとき使われた方法は，三角測量である。三角測量は1533年にオランダの地理学者で数学者のゲンマ・フリシウスが開発し，1615年にオランダの天文学者ヴィレブロルト・スネルがはじめて実際の測定に利用した。

ひとつの三角形のすべての角度と１辺がわかると，ほかの２辺も簡単に計算することができる。そこで，測定したい場所をたくさんの三角形に分割し，三角形の集合からなる三角網をつくる。それぞれの三角形の頂点は，教会の鐘楼や丘

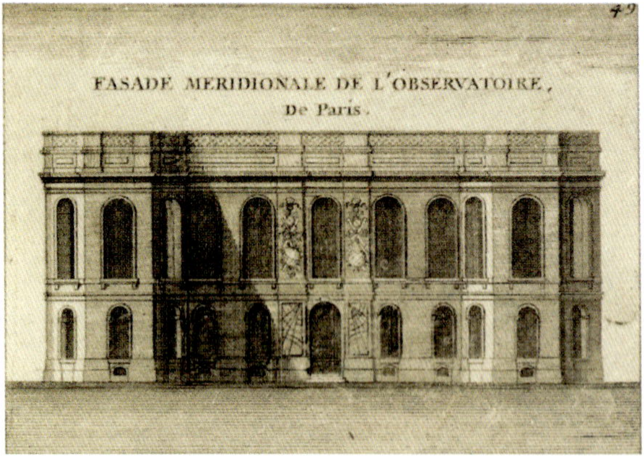

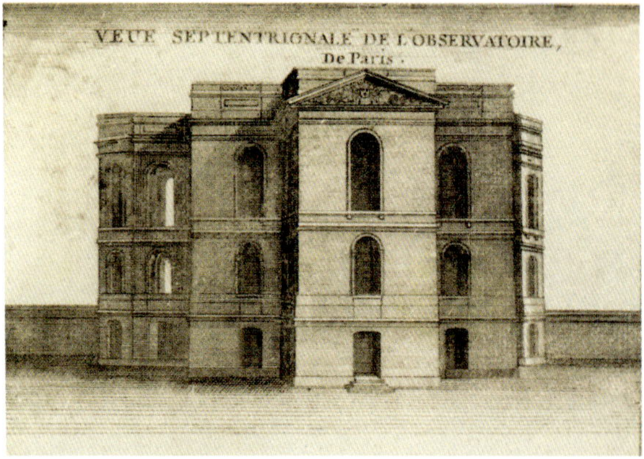

⇧カッシーニ時代のパリ天文台とマルリー塔

⇖パリ天文台――ルイ14世は天文台の庭に「マルリー塔」を運ばせ，カッシーニはその塔に対物レンズを設置した。カッシーニは望遠鏡の筒を使わず，接眼レンズを手に持ちながら庭のなかを移動し，10～20メートル離れた対物レンズを通して観測を行なった。パリ天文台では1835年ころにふたつの翼棟と丸天井が増築されたが，本館は17世紀の建物のままである。

〔右頁〕惑星の調査――皆既帯（皆既日食を見ることができる範囲）の幅は，多くても数キロメートルである。そのため，毎回必要な道具をその場所へ運び，仮説の観測所をつくる必要がある。

の上に立てられた標識など，遠くから見える目印となるものに置く。そして，それらの三角形のすべての角度を注意深く測定する。それから，10キロメートルもの長さになる辺のひとつ（基線）を，棒を使った測量術によって測定する。あとは，ほかのすべての辺を計算し，天文学的方法によって決定された「緯度１度に対する子午線」の両端の距離を出せばよい。

ピカールは２年かけて，パリ・アミアン間の子午線の弧を測定した

哲学者ガッサンディのかつての弟子で，1645年8月21日

に彼と共に日食を観測したジャン・ピカール神父も，オズーのマイクロメーターの開発に貢献した。彼は科学アカデミーの創設時からのメンバーで，パリ天文台に備えつける最初の道具の監督を行ない，1671年には，現在もなお用いられているそれらの使用法や調整方法を書きそえたきわめて詳細な目録を作成している。

ピカールは，地球の測定を手がけることになった。幸運にも，彼はパリ地方の測定に従事したので，たびたびパリに戻ってほかの仕事も引き続き行なうことができた。現場では，三角測量を行なうために教会の鐘楼や塔の上に照準器（このとき，マイクロメータ

ーのついた望遠鏡がはじめて使われた）がとりつけられた。測定する弧の両端の鉛直線の方向を決めるために必要な測角器は，半径が3メートル25センチもあり，荷車で運ぶと破損する危険性があった。そのため，パリからアミアンまでの130キロメートルの距離を，担架に乗せて徒歩で運んだのである。

パリ南郊ヴィルジュイフからジュヴィジーまでが，11キロメートルの長さの基線とされた。この長さは，直角定規とおもりをつけた糸で注意深く直線と水平状態を確認しながら，8メートルの木製の棒を使って2度測られた。

ピカールは,緯度1度に対する子午線は5万7060トワズ（1トワズは約2メートル）であるという結果を発表した（ニュートンはこの測定結果をもとに，さまざまな計算を行なうこと

⇩パリの子午線——ピカールは緯度1度に対する子午線を測定しただけではなく，フランス全土の測定も行なった。1676年から81年までの5年におよぶ仕事のあいだに，彼はラ・イールと共に沿岸地方の最初の正確な地図（⇨）を作成した。1682年に，それまで使われていた間違った地図にこの地図が重ねられて提出されたとき，ルイ14世は，この活動のせいで自分は王国の相当の部分を失ってしまったと，皮肉っぽく不満をもらした。

になる)。このピカールの測定は驚くほど正確で，結局誤差は約0.1パーセントだった。フランスの天文学者ラカイユはその3倍の精度，誤差が約0.03パーセントの測定を成功させるが，それは約1世紀後の1756年のことである。

パリ天文台長として，コルベールはイタリアから経験豊かなジャン=ドミニク・カッシーニをよびよせた

1669年にコルベールからよばれたとき，カッシーニはボローニャ大学の天文学の教授になってから，すでに15年がたっていた。彼は天文学のあらゆる分野に通じており，1668年には非常にすぐれた木星の衛星の運行表を発表していた。

1671年，まだ完成していなかったパリ天文台に，カッシーニは見事な機材一式(イタリア製のレンズに匹敵する品質のレンズはまだなかった）を持って着任した。同じ年，彼は土星の新しい衛星イアペトゥスを発見した（1672年には土星の衛星レア，1684年には同じく土星の衛星テティスとディオネも発見する)。また，土星の環のあいだにすきまがあることを

⇦ジャン=ドミニク・カッシーニ――カッシーニ家は，1669年にコルベールの招きでイタリアのボローニャからやってきた初代のジャン=ドミニクから，カッシーニ4世が1793年に職を辞するまで，4代にわたってパリ天文台の台長を務めた。

しかし2代目のジャック，3代目のテュリ伯，4代目のカッシーニ4世は，おもにフランス全土の測量地図作成にたずさわった。天文学に関する彼らの業績は，そのすべてを合わせても，初代のジャン=ドミニクが残した業績には到底およばない。土星に関する数多くの発見（4つの衛星や土星の環のあいだのすきま）やリシェと共に行なった太陽系の測定のほかに，ジャン=ドミニクは月面図を完成させ，金星の自転の測定を試み，木星の衛星の運行表をたえず改良した。

これらに加えて，ジャン=ドミニクはパリ天文台の建設と設備を監督し，学問と行政の両面において高い管理能力を発揮し，天文学者の育成も行なった。その点から考えても，コルベールが彼をボローニャからパリによびよせたことは，非常に大きな幸運をもたらしたのである。

発見したのもカッシーニである。さらに，彼はリシェと共に，太陽系全体の大きさをはじめて測定した。

カッシーニが作成した木星の衛星の運行表は，ピカールがデンマークでの仕事に従事するときに役だつことになる。

ピカールはデンマークの島にあるティコ・ブラーエの天文台の廃墟へ行き，その位置を正確に測定した

天文学的な目的をはたすため，この任務が重要であることは，すでに1669年の時点でピカール自身が説明していた。「ここで行なわれる観測とティコ・ブラーエの観測を比較し，パリの子午線をウラニボルク（ティコ・ブラーエの天文台）

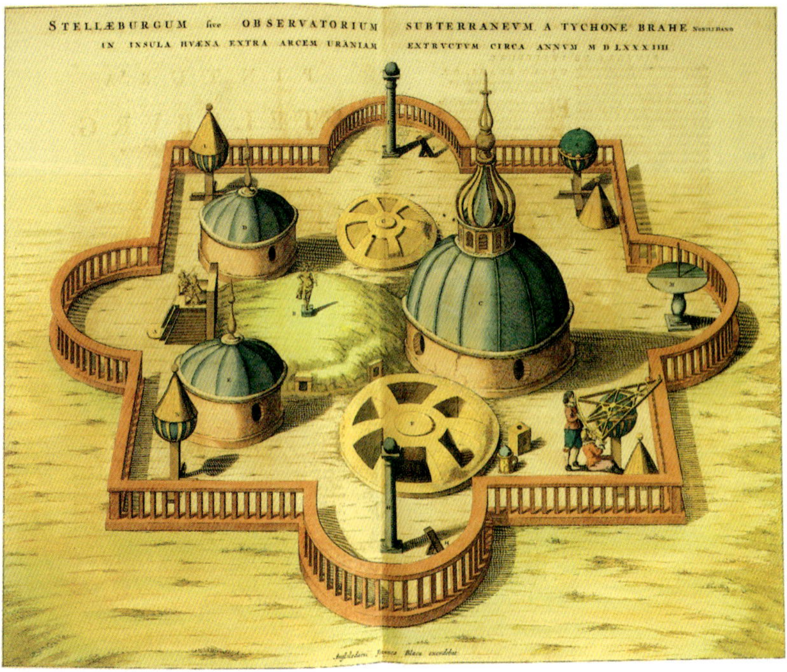

STELLÆBURGUM sive OBSERVATORIUM SUBTERRANEUM A TYCHONE BRAHE
IN INSULA HVÆNA EXTRA ARCEM URANIAM EXTRUCTUM CIRCA ANNUM M D LXXXIIII

⇧デンマークのティコ・ブラーエの天文台――1572年に26歳のティコは，近代初の「新星」を発見したことで有名になった。1577年に，デンマーク王は彼にフヴェーン島をあたえ，ティコはその島にウラニボルク（「天の城」の意）天文台をつくった。しかし国王が亡くなると，ティコは新国王と仲たがいしたため，チェコのプラハへ亡命を余儀なくされた。彼の天文台は悪天候で廃墟となり，島の農民たちは建築資材を回収した。

の子午線と置きかえるためには，このふたつの子午線の経度の違いを正確に知る必要がある。そのためには，このふたつの地点で木星の衛星の測定を行なうべきだ。また，われわれの観測器具とティコの観測器具を比較し，彼がなにを基準に観測を行なっていたかを知るために，ウラニボルクにおける北極星の高さをもう一度測定したほうが良い」

ケプラーの法則を土台とするティコ・ブラーエの観測の重要性を考えると，それらの観測とこれからパリで行なわれる観測を関係づけ，１世紀近い時間的隔たりがあるふたつの地点を比較するというのは非常に興味深い試みだった。

木星の衛星の食はパリとデンマークで同時に見えるため，ふたつの地点での観測時刻をくらべることが可能だった。これは経度の違いをあきらかにすることができるということである。正確な観測を行なうため，ピカールは子午線を測るた

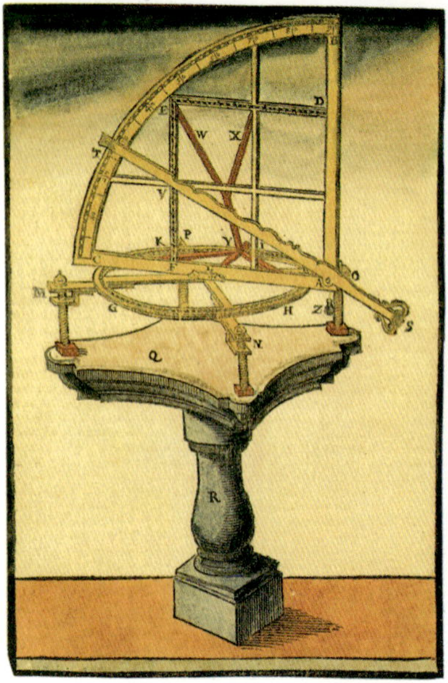
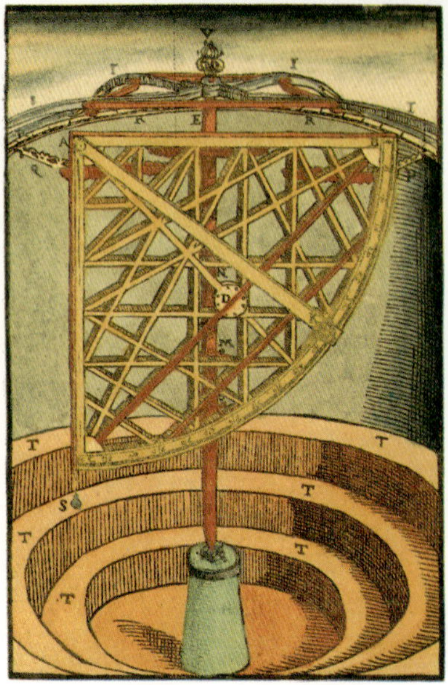

ティコ・ブラーエの器具

プラハで，ティコは神聖ローマ皇帝の「数学者」となり，1601年に彼が亡くなると，ケプラーがその跡を継いだ。ケプラーによると（彼はティコが観測者としてすぐれていたと手放しで称賛している），ティコは「つねに弧のことを考えていた」という。ティコはガリレオが望遠鏡をつくる10年前に亡くなっているので，彼の観測器具には光学レンズがない。正確に照準を合わせるため，左の版画で描かれた彼の天文台のなかにある四分儀のように，非常に大きな器具が必要だった。それらの大きな器具（ティコは半径6メートルのものまでつくっている）は，子午線面にとりつけられた。これらは，子午線を通過するときの天体の高さを測定するために使われた。ところで，半径6メートルの円で弧の1分（60分の1度）は，2ミリメートルである。望遠鏡が登場すると，器具はより小さく，持ち運べるようになったが，以前と変わらない精度を保つことができるようになった。左頁は，ティコの観測器具。左上が天文六分儀，右上が半円儀，左下が太陽四分儀，右下が可動式四分儀。

めに使った器具に加え，マイクロメーターのついた望遠鏡を3つ持って，1671年7月，デンマークに向けて出発した。

ティコ・ブラーエの天文台は1597年以降放棄され，建物の土台部分しか残っていなかった。しかし，ピカールは観測機器が置かれていた場所を復元し，デンマークの若い天文学者オーレ・レーマーの協力を得て，無事に任務を終えた。

レーマーのすぐれた能力に感銘を受けたピカールは，彼をパリに連れて帰り，彼のために王太子付きの天文学教師の地位を得てやり，彼を科学アカデミーに入会させた。

パリ天文台の天文学者たちは，地球の測定を太陽の測定のために利用した

事実，そのときまで，地球と月のあいだの距離しか知られていなかった（前3世紀にギリシアの天文学者アリスタルコスが測定した）。惑星の軌道については，それらの形や相対的な大きさについては知られていた。つまり，たとえば太陽・地球間と太陽・火星間の距離をくらべることはできたが，そのどちらも距離そのものはわからなかったのである。

ようするに，正確な比率で太陽系の図を描くことはできたが，その図の縮尺は不明だった。それを知るためには，どこかひとつの距離を測定すれば良い。そうすれば，そこからほかのすべての距離をすぐに出すことができる。そういうわけで，地球とほかの惑星の距離を測定しなければならなかった。ところで，もっとも地球に近い惑星である火星は，15〜16年ごとに太陽・地球間の距離の約3分の1まで地球に接近する。そこで次に接近する1672年が測定の目標とされた。

地球・火星間の距離を推算するためには，地上の非常に離れた2地点から同時に火星を見て，星々との関連からそれぞれ火星の位置を確認し，その差となる角度を出す必要がある。この角度が弧の1分（60分の

1度）よりもはるかに小さくなることは，すでに知られていた。

そのため，測定はきわめて正確に行なわなければならず，いずれにせよ，遠く隔たったふたつの観測地点を選ぶ必要があった。

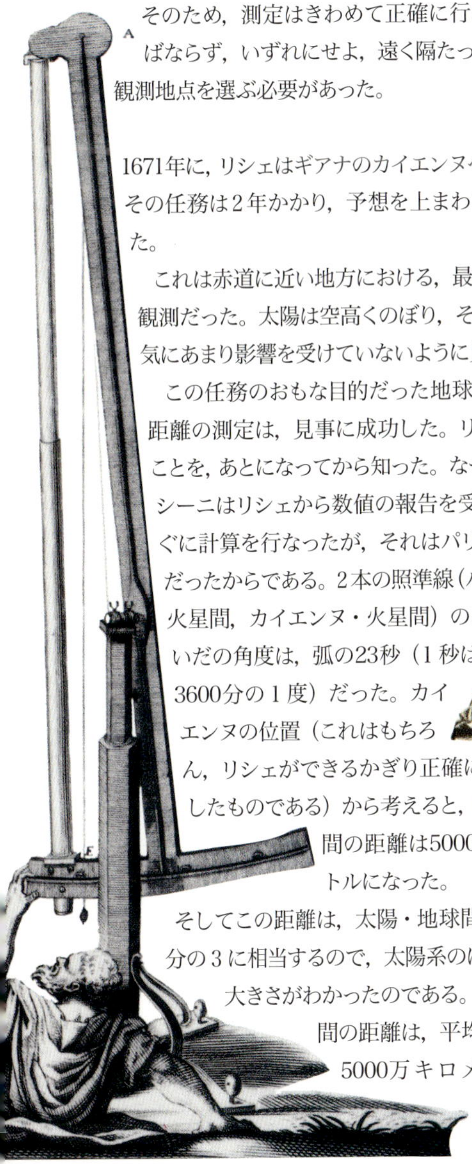

1671年に，リシェはギアナのカイエンヌへ出発した。その任務は2年かかり，予想を上まわる成果を得た。

これは赤道に近い地方における，最初の精密な観測だった。太陽は空高くのぼり，その動きは大気にあまり影響を受けていないように見えた。

この任務のおもな目的だった地球・火星間の距離の測定は，見事に成功した。リシェはそのことを，あとになってから知った。なぜなら，カッシーニはリシェから数値の報告を受けたあとすぐに計算を行なったが，それはパリでのことだったからである。2本の照準線（パリ・火星間，カイエンヌ・火星間）のあいだの角度は，弧の23秒（1秒は3600分の1度）だった。カイエンヌの位置（これはもちろん，リシェができるかぎり正確に特定したものである）から考えると，地球・火星間の距離は5000万キロメートルになった。

そしてこの距離は，太陽・地球間の距離の8分の3に相当するので，太陽系のはっきりした大きさがわかったのである。太陽・地球間の距離は，平均して約1億5000万キロメートルで，

ピカールのおもなふたつの観測器具

下は，目標に照準を合わせるための四分儀（垂直にも水平にもできる）。左下は，大きな半径だが小さな角度の測角器。おもりをつけた糸を使って垂直性を保ちながら，正確に星にねらいをつけるためのもの。

それまで考えられていたよりも20倍長かった。この測定の精度は高く，最新の測定とくらべても２パーセント以下の誤差という出来だった。

さらに，リシェは予期しなかったことを発見した。観測のために時計を合わせたとき，同じ振り子がカイエンヌではパ

⇩カイエンヌ島（上）とカイエンヌ川とカイエンヌ島の眺め（下）──上の地図は下が北になっていて，陸地に接近していくような見方ができる。

りよりゆっくりと動いたのである。この事実は，カッシーニが西アフリカの沖に浮かぶカーボヴェルデ島とカリブ海のアンティル諸島に送った調査隊によって，1682年に確認された。のちに重力の理論が引きおこす論争で，この発見は非常に重要な役割をはたすのだが，その前にリシェの測定は，思いがけない結果をもたらすことになった。

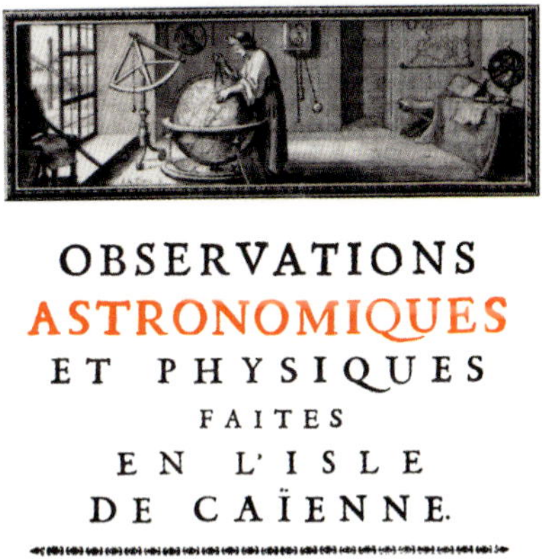

⇧リシェの『天体観測』──リシェは大量の機材やすぐれたチームと共に，ギアナのカイエンヌで2年近くを過ごした。彼はありとあらゆる分野で，非常に多くの成果を得た。

太陽・地球間の距離がわかったため，レーマーははじめて光の速さを測定することに成功した

当時はまだ，光が有限の速度を持つとは考えられていなかった。光は無限の速度を持ち，一瞬で空間を移動すると考えられていたのである。しかしそのことに疑問を持ったガリレオは，おおいをつけたランプを使って光の速度を測る実験をした。実験は失敗に終わったが，光の速度が有限だとしても，その速度の値はきわめて大きいことはわかった。その値を計算するためには，非常に短い時間を測定する方法を見いだすか，非常に離れた場所での移動を観察する，つまり天文学的方法を用いる必要があった。

ピカールのおかげでパリ天文台での職を得たレーマーは，木星の衛星の運行表を検討した。この表では，衛星の食の周期が不規則になっていた。しかし，衛星の食の周期は規則的であるはずだ。それなのに，半年は周期が短く，もう半年は周期が長くなっていて，その差が最大16分あったのである。

レーマーは，表に書かれている時間は実際に食が起きている時間ではなく，その食が地球から見える時間であることに気づいた。木星から地球まで光が伝わるのに時間がかかるから，ふたつの時間にはずれがあり，そのずれは木星と地

球のあいだの距離によって異なるのだ。木星と地球の両方が太陽側にいるとき，どちらか片方が反対側にいるときよりも，光はより短い距離を伝わってくる。その距離は，地球の軌道の直径ぶんだけ短い。リシェは，地球の軌道の直径を3億キロメートルと出していた。16分，つまり約1000秒のずれがあるのなら，光は秒速30万キロメートルになる。

実際にはいくつかのまちがいがあったため，レーマーは光の速さを秒速20万キロメートルと見積もっていた。しかし，それはたいした問題ではない。数値の桁は正しいし，なによりもまず，光の速度が有限であることがあきらかにされたからである。

ガリレオがランプを使った実験に失敗したことは，驚くには値しない。10キロほどの距離で彼が測ろうとした時間は，数十万分の1秒だったからだ。それでも，光の速度が測定できたのは，少しはガリレオのおかげだといえる。測定に使われた木星の衛星は彼が発見したもので，彼は食についても書きのこしているからである。

⇧レーマーの肖像

⇖レーマーの天文台──1644年にデンマークで生まれたオーレ・レーマーは，ティコが残した観測ノートの出版を手がけていた教授の助手になった。そういうわけで，ピカールがウラニボルクの天文台の廃墟で仕事をしたとき，レーマーが彼の補佐をしたのは当然のことだった。ピカールによってパリに連れてこられたレーマーは，10年間彼と一緒に働き，さまざまな観測器具の改良を行なった。デンマーク帰国後は，子午線望遠鏡（右頁）をはじめとするさまざまな器具を開発した。彼の子午線望遠鏡からは，多くの近代的な観測器具のアイデアが生まれた。

レーマーは1675年に，この結果を発表した。科学アカデミーの天文学者たちが天文台建設地に子午線を引いてから，わずか8年後のことだった。

❖「ケンブリッジ大学の数学教授アイザック・ニュートン氏による新しい種類の反射望遠鏡の発明について，ご説明させていただきます。ここにあるその反射望遠鏡をまずは調べてみたのですが，いま申しあげられることは，それは約6プス（1プスは約2.6センチメートル）の長さの望遠鏡だということです」――このように王立協会の事務局長オルデンバーグは，1672年1月，オランダの天文学者ホイヘンスにニュートンの存在を知らせている。　………

第3章

反射望遠鏡から重力まで

〔左頁〕ロンドンの眺め――内戦，ペストの大流行，古い町並みの大半を消滅させた大火のあと，ロンドンは1667年に，文字どおり灰のなかからよみがえった。

⇨ニュートンの反射望遠鏡

ホイヘンスは，王立協会の事務局長ヘンリー・オルデンバーグと文通していた科学者のなかで，おそらくもっとも有名な人物である。しかし，オルデンバーグが手紙をやりとりしていたのはホイヘンスだけではない。王立協会の事務局長は，何十人という各国の科学者たちとつねに連絡をとりあうことが，主要な任務のひとつだったからである。

だがこの伝統的な任務も，まもなくすたれてしまうことになる。それは科学者の数が急速に増えたことも理由だったが，『哲学会報』や『ジュルナル・デ・サヴァン』といった科学雑誌が発行されるようになったことも理由としてあげられる。オルデンバーグは，『哲学会報』の編集

PHILOSOPHICAL
TRANSACTIONS:
GIVING SOME
ACCOMPT
OF THE PRESENT
Undertakings, Studies, and Labours
OF THE
INGENIOUS
IN MANY
CONSIDERABLE PARTS
OF THE
WORLD

Vol I.
For Anno 1665, and 1666.

In the SAVOY,
Printed by T. N. for John Martyn at the Bell, a little without Temple-Bar, and James Allestry in Duck-Lane, Printers to the Royal Society.

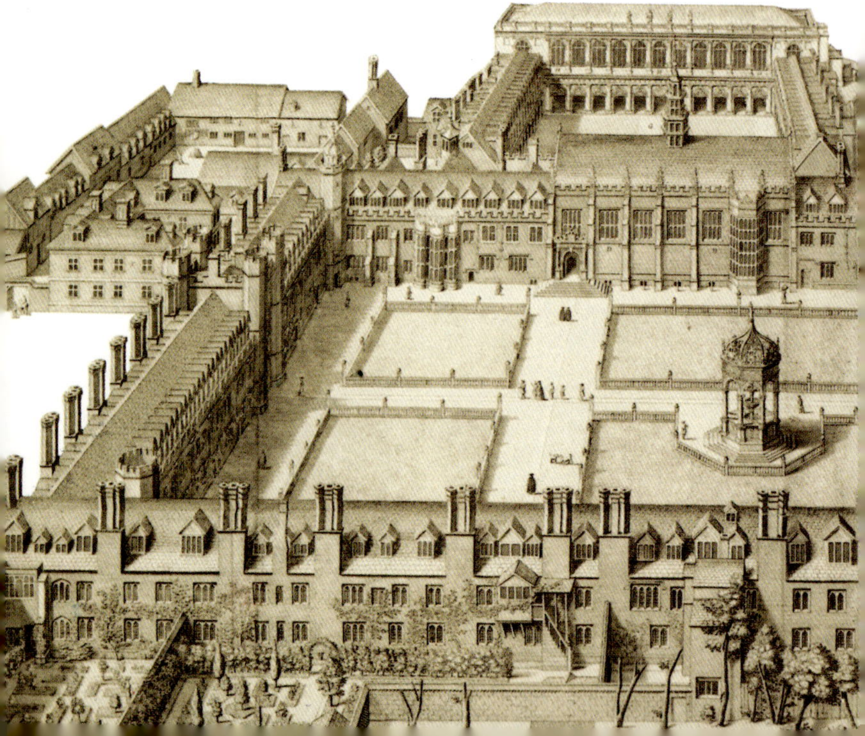

にもたずさわった。しかし雑誌が発行されるようになってからも，個人的な文通は重要なものとして長いあいだ継続された。

文通と雑誌の発行は，一般大衆に情報をあたえることだけを目的としていたのではない。それらは科学者の発見を「認可」し，その科学者を発見者として公認する役割もはたしていた。たとえば，ホイヘンスへの手紙に書かれている反射望遠鏡のことは，その数週間後に『哲学会報』のなかで説明されることになる。ニュートンはその反射望遠鏡を，1年以上前に王立協会に提出していた。それは1669年末のことで，彼がケンブリッジ大学の教授に任命されてすぐのことだった。

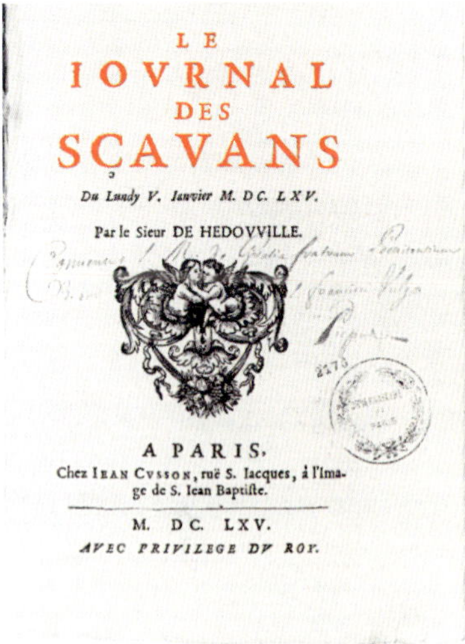
LE
IOVRNAL
DES
SCAVANS
Du Lundy V. Ianvier M. DC. LXV.
Par le Sieur DE HEDOVVILLE.
A PARIS,
Chez IEAN CVSSON, ruë S. Iacques, à l'Image de S. Iean Baptiste.
M. DC. LXV.
AVEC PRIVILEGE DV ROY.

〔左頁上〕『哲学会報』
⇧『ジュルナル・デ・サヴァン』——科学雑誌はロンドンとパリで，ほぼ同じ時期に誕生した。『哲学会報』のほうが，『ジュルナル・デ・サヴァン』より数ヵ月早く創刊されている。

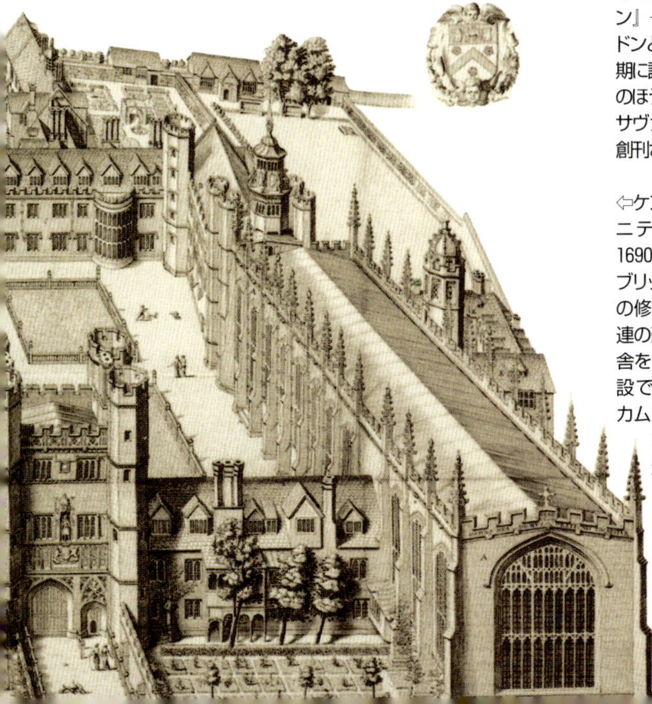

⇦ケンブリッジ大学のトリニティ・カレッジ——1690年当時もいまもケンブリッジ大学は，いくつもの修道院の集合体に，一連の豪華だが厳粛な寄宿舎をつぎあわせた複合施設である。建物全体は，カム川に向かってゆるやかにくだる庭園と芝生にかこまれている。

1669年秋，人望厚いケンブリッジ大学の数学教授バローが退職し，ニュートンを後継者として推薦した

このときニュートンは，まだ27歳だった。この時点で彼はまだ誰にも自分の光学（色彩論）や重力論について話しておらず，教授に推薦されたのは，数学の業績が評価されてのことだった。

当時，ヨーロッパのいたるところで物体の運動に関する研究が行なわれ，数学者たちはたとえば弧の曲線の長さを出す方法など，新しい計算方法をあみだそうとしていた。ニュートンはこうした問題に関する研究も進めており，その成果を記した多くのコピーがケンブリッジ大学内を行きかっていた。バロー教授はそうしたニュートンの業績にすっかり感心し，教授の地位を退くとき，彼を後継者として推薦したのである。

こうしてニュートンはケンブリッジ大学の数学教授となり，公的な地位を得ることになった。しかし，彼はまだ自分の光学をおおやけにしなかった。講義のなかで学生たちには話をしたようだが，科学者たちに対して発表をする準備は整っていなかった。彼はまず，実際に見てもらえば反論が出ることはありえないひとつの発見，というよりはむしろ発明品によって認めてもらおうとした。教授になるとすぐに，ニュートンは自分が考案した反射望遠鏡を王立協会に提出したのである。

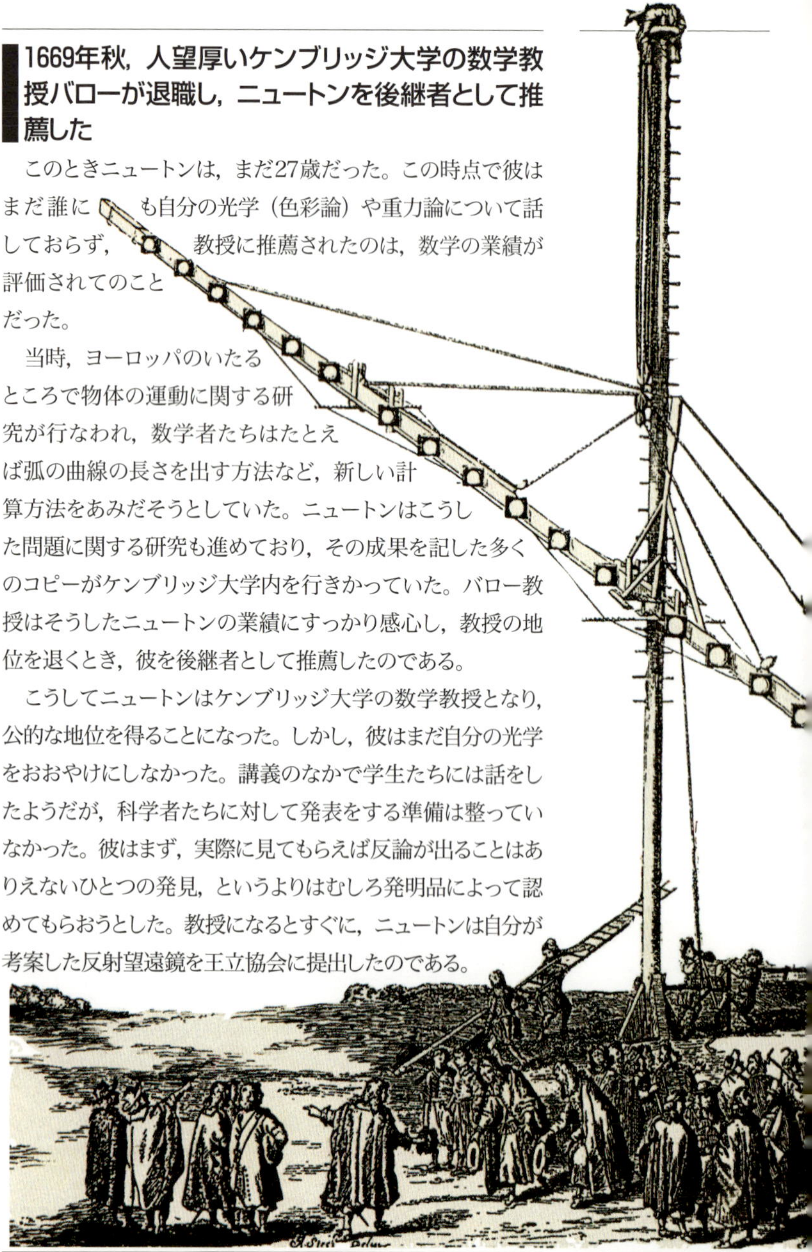

彼が反射望遠鏡をつくったのは，実際にはそうではなかったが，自分の光学によると屈折望遠鏡には欠陥があると確信したからだった

ニュートンは，「白い光」は色のついた光が混ざったもので，プリズムはそれらの光を別々に屈折させるということを証明した。しかしプリズムだけではなく，ガラス，とくにレンズの表面を光が通ったときも，同じことが起きるのである。

屈折望遠鏡の対物レンズは，つねに虹の像を作り出してしまうのだった。のちに，２枚の異なるレンズを組みあわせることでこの欠点を補う方法が発見される。しかしニュートンは，そのようなことができるとは思いもしなかったので，レンズを使わない方法を探したのである。そこで彼は，レンズのかわりに鏡を使う反射望遠鏡をつくろうと考えた。レンズと違って鏡は，光の色を分散させるおそれがないからである。

反射望遠鏡の問題点は，像が鏡の前にできることである。像を見るために理想的なのは筒の前に頭を置くことだが，それでは光をとりこめない。そこで，像を筒の外に出す必要があり，その方法によっていくつかのモデルが存在する。

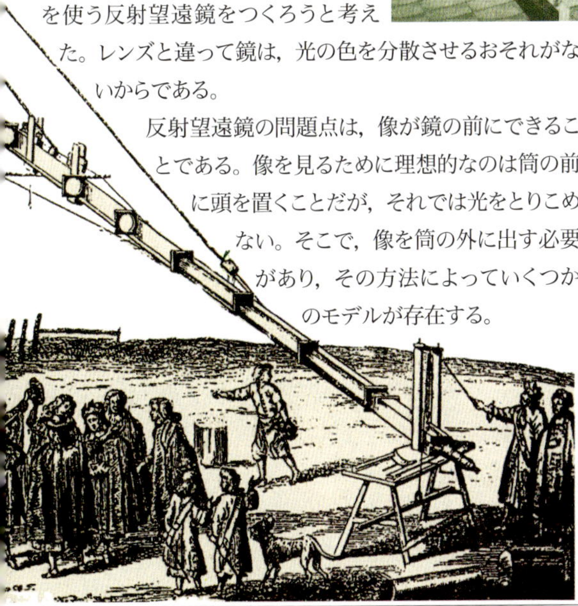

⇧18世紀の反射望遠鏡――このカセグレン式反射望遠鏡は，1670年の天文学者ヘヴェリウスの大望遠鏡（⇦）と同じ倍率を持つが，より安定性があり，あつかいやすかった。ヘヴェリウスの望遠鏡が巨大なのは，倍率の問題だけではなく，直径とくらべて長さが長くなればなるほど，収差（１点から放射された光がレンズを出たあとふたたび１点に収束しない現象），とくに色収差（色のにじみ）が少なくなるからである。反射望遠鏡も色収差のないレンズもなかった1670年には，ほかの解決策は存在しなかった。

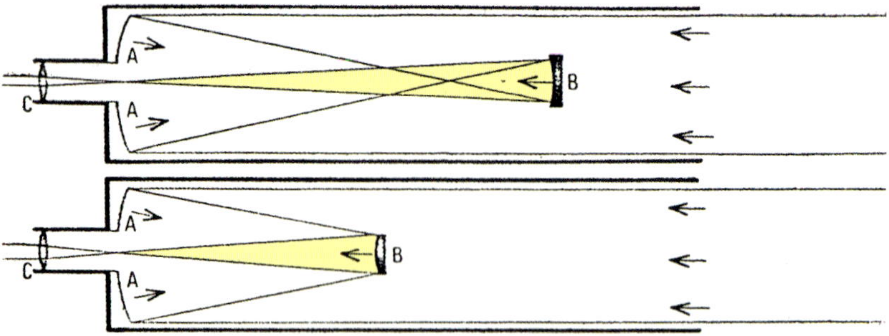

⇧グレゴリー式反射望遠鏡（上）と，カセグレン式反射望遠鏡（下）——当時これらの反射望遠鏡は，図面が描かれただけで，まだ実際につくられていなかった。小さな曲面鏡の製作が難しかったからである。

ニュートンの反射望遠鏡（⇨右頁）が同時代人の心をとらえたのは，なによりもまずそれが小さいということだった。それは扱うのに便利というだけではない。小さければ小さいほど，振動が少なくなるからだった。振動が大きいと像が損なわれるので，倍率の高さよりも安定性のほうが重要だった。そして，台の上にふたつの金具でとめられたボールが望遠鏡の下についていることで，すべての方向に手際良くこの小さな望遠鏡を向けることもできた。

グレゴリーとカセグレンは，大きな鏡の中央に穴を開けて，筒のなかに置かれた小さな鏡に反射させた光を後方へ出す案を示していた。しかしこの小さな鏡は，グレゴリー式では楕円，カセグレン式では双曲面である必要があった。当時，そのような鏡を製作することは不可能だった。

ニュートンは光を後方にではなく，筒の側面に反射させることを思いついた。そのためには，筒の中心線に，45度傾けた小さな平面鏡を置くだけでよかった。この望遠鏡ならば，製作が可能だった。こんにち，専門家が使う大きな反射望遠鏡はカセグレン式だが，アマチュア用の反射望遠鏡（とくに自作の望遠鏡）の大半がニュートン式である。

もちろん，いろいろと大きな問題は残っていた。まず，鏡は金属なので磨くことが難しく，すぐに曇ってしまう。それから，大きいほうの鏡は放物面でなければならないのに，球面にすることしかできなかった。そして標準値からの偏差はそれほど大きくなかったものの，像は不鮮明だった。

それでもニュートンは，長さ約20センチメートルほどの小さな反射望遠鏡を完成させた。そしてその小ささこそが，魅力となったのである。彼の反射望遠鏡で得られる像は，「4倍の長さがある屈折望遠鏡の像より9倍も大きかった」。

王立協会によってニュートンの発明が発表されると（国際的に通用するよう，科学者たちの標準語であるラテン語で発表された），彼の反射望遠鏡はヨーロッパ全土で話題になった。王立協会への手紙の仲介者の役目を務めていたオルデンバーグは，ホイヘンス，オズー，フラムスティード，ヘヴェリウス，グレゴリーといった科学者たちの考察や疑問をニュートンに伝え，ニュートンからの返事を彼らに送った。こうしてまたたくまに，ニュートンは有名人となったのである。

⇩ニュートンの反射望遠鏡のデッサン──この望遠鏡は，接眼鏡ではなく，対物鏡と筒の一番うしろをねじで動かすことで，調整を行なう。

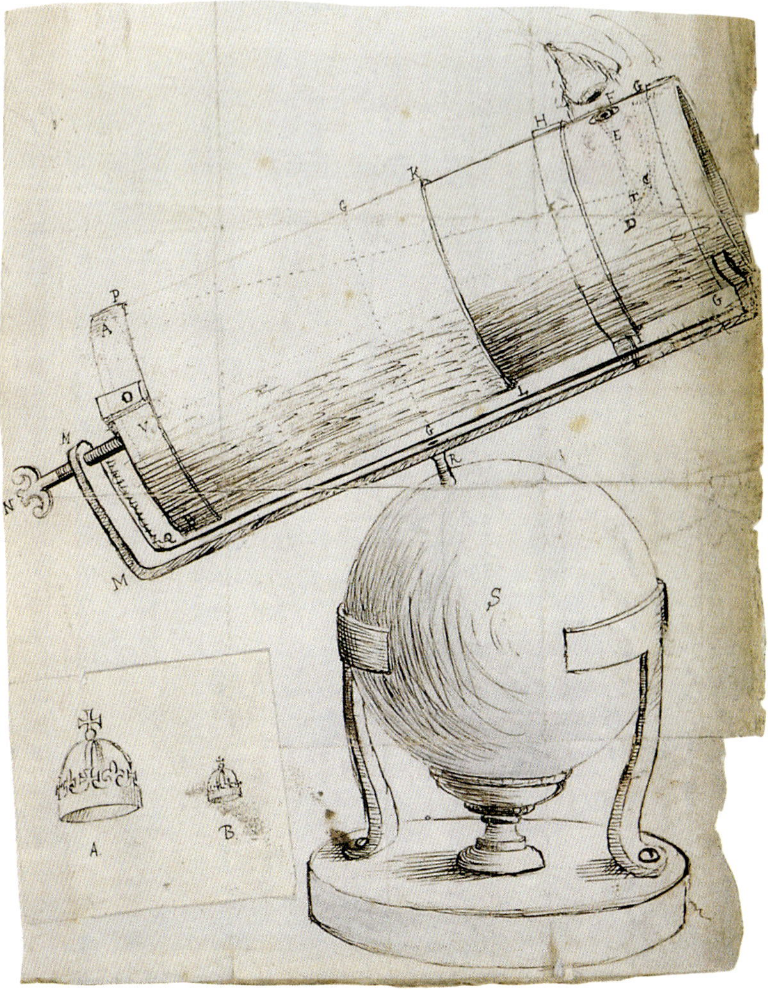

1672年1月11日の会議で，ニュートンは王立協会の会員に選ばれた。

ニュートンはもう，ためらわなかった。1672年2月に，ようやく彼は光学を発表した

彼はオルデンバーグへの長い手紙のなかで自分の光学を語り，それは『哲学会報』の次の号で発表された。この手紙には，「決定的実験」の詳細が記され，反射望遠鏡の必要性が語られ，その正しさを示す数々の実験が列挙されている。

オルデンバーグはこの手紙を，王立協会の会議日の朝に

受けとった。この会議は，ニュートンの手紙を読み，解説することに終始した。集まった人びとは拍手喝采し，この手紙の公表に賛同した。3人のメンバーが選ばれ，ニュートンによって説明された実験が再現されることになった。

この3人のメンバーのふたりは，王立協会の主要な物理学者ボイルとフックだった。フックはすでに，光の波動説の草案を発表していた。ニュートンは手紙のなかで,自分の光学は,光の性質が波動であろうが粒子であろうが，それについてはまったく考慮に入れていないと強調している（彼自身は粒子説の支持者だったが）。そのためフックは，ニュートンの実験が非常に興味深いことは認めながらも，彼の解釈には異論をとなえた。彼は，ニュートンに説得力のある決定的な論拠を示してほしいと，報告書を締めくくっている。

ニュートンは協会の中心的なメンバーの反対を恐れていたが，それはすぐに現実となった

おそらく事態を収拾することはできたはずだが，オルデンバーグはフックを嫌っていたため，彼を煽りたてたい気持ちを抑えることができなかった。ニュートンはフックに尊大な態度で応じたため，ふたりは以後，不俱戴天の敵となった。

この出来事で，あきらかにニュートンは重力に関する自分の考えを公表する気を失った。彼は，もうなにひとつ発表などしないと心に決めた。ケンブリッジ大学のトリニティ・カレッジという要塞に閉じこもり，そこから外へ出ることはほとんどなくなった。しかし彼の評判はあまりにも高かったので，このような彼の態度そのものが騒ぎを引きおこした。いったいニュートンは，どのようなすばらしい数学の研究を行なっているのだろうか，という憶測が飛びかったので

〔左頁左〕ニュートンの光の実験
〔左頁右〕分解された光——1667年から72年にかけて，ニュートンは色に関する研究を続け，自分の説を裏づける証拠を集めた。それらは必ずしもそのまますぐに受け入れられたわけではないが，大きな反論を引きおこすこともなかった。

⇩ヴィルヘルム・ライプニッツ——彼は高名な哲学者であり，神学者，歴史家，法学者だったが，数学者でもあった。ニュートンとほぼ同時期に微積分を発見したことでも知られる（現在使われている記号は，ライプニッツが用いたものである）。

ある。

ニュートンの研究テーマが知られるようになったのは，やはりオルデンバーグへの手紙によって，ドイツの偉大な数学者ライプニッツとの論争が起きたからである。ふたりはそれぞれ別の方法で，微分学を発見したのだった。

同じころ，ニュートンはとくにホイヘンスと，反射望遠鏡の長所について議論した。ホイヘンスはフックと同じく光の波動説を支持していたが，3月にはオルデンバーグからニュートンの光学のことを聞いていたのに，それは聞かなかったふりをして，反射望遠鏡のことしか話題にしなかった。

そのため，ふたりはかなり親しくつきあった。1673年に，ホイヘンスは振り子のメカニズムについて書いた『振り子時計』をニュートンに送った。ニュートンは感謝の意を表明し，

⇧当時のグリニッジ天文台——この天文台は，テムズ川の河口を見おろす場所に建っていた。天文学研究の点ではパリ天文台に到底およばなかったが，グリニッジを通る子午線を基準として世界時（GMT：グリニッジ平均時）が定められたことにより，結局最後にはグリニッジ天文台がパリ天文台に勝る地位を獲得した。

⇧ジョン・フラムスティード――彼はイギリス国王チャールズ2世にグリニッジ天文台の建設を進言し，完成した天文台の台長になった。さまざまな観測器具の設計や星図の作成に加えて，彼はとくに，3000個近い星の目録である，近代天文学における初の星表をつくったことで知られている。

弧の曲線に関する仕事の進捗状況を知らせると返答した。

ニュートンのこの返答は，10年後に思いがけない重要な結果をもたらすことになる。これが間接的に，ニュートンとある人物の交友関係の端緒となるからである。その人物とは，ニュートンがただひとり信頼した学者で，ニュートンに重力の理論を発表させる決心をさせ，その理論の出版の世話まで誠実に行なった天文学者，エドモンド・ハリーだった。

社交的で，活気に満ちあふれた，大旅行家でもある天文学者ハリーは，孤独を好むニュートンとは対照的な人物だった

ニュートンより14歳若かったハリーは，もっぱら天文学の道を歩み，ニュートンよりも順調にキャリアを積んでいった。

⇦オックスフォードのモードリン・カレッジ――オックスフォード大学のまわりには，いまでも田園風景が広がっている。モードリン・カレッジの塔は木々のあいだにそびえているが，牛の姿は見えなくなった。

時代が彼に有利に働いた。1675年，その8年前にフランス国王ルイ14世がパリ天文台をつくったように，イギリス国王はグリニッジ天文台を建設し，ジョン・フラムスティードを「王室天文官」に任命した。フラムスティードは，星表（星の目録）づくりにとりかかった。

1676年に，裕福で教養のある父の理解のもとで天文学に熱中していた20歳のハリーは，オックスフォード大学での勉強を中断し，南大西洋に浮かぶセント＝ヘレナ島へ行って2年間を過ごした。彼はそこで，当時まだほとんど知られていなかった南半球の星表を作成したが，のちにそれはフラムスティードの星表を補うことになる。また，4年前にギアナのカイエンヌへ行ったリシェのように，セント＝ヘレナ島のほうがヨーロッパより振り子がゆっくり動くことをハリーも確認した。彼は1678年にイギリスへ戻り，まもなく王立協会のメンバーに選ばれた。そのとき彼はまだ22歳だった。

それほど若かったにもかかわらず，ハリーはフックと天文学者ヘヴェリウスとのあいだの論争を収めるため，ポーランドのダンツィヒに派遣された。1680年と81年にはフランスとイタリアへ旅行し，カッシーニをはじめとするフランス天文台の天文学者たちと会い，1680年の彗星に関する彼らの観測記録と自分の記録を比較した。というのも，彗星の出現時期

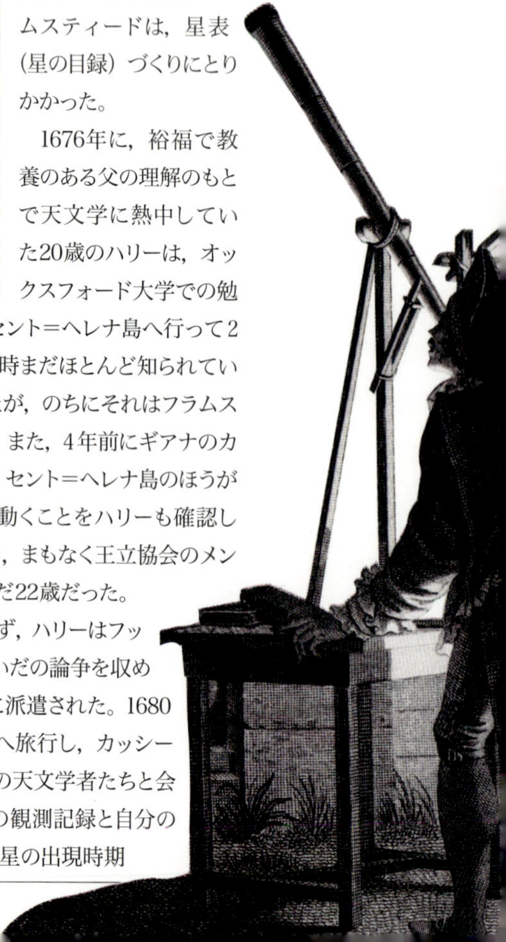

が到来していたからである。

1680年と1682年に，ふたつの大彗星が天文界を揺るがせた

これらの彗星は，1664年に彗星が出現したときにすでに持ちあがっていた天空のメカニズムに関する問題を，緊急に浮かびあがらせた。彗星は毎年いくつも出現したが，その大半は肉眼では見えなかった。そういうわけで，夜空に彗星が輝くことなく，年月だけが過ぎたのだった。17世紀には，1618年から64年まで大彗星はひとつもあらわれなかった。ところが1664年に，輝く彗星が6週間にわたって肉眼で見え，その後数ヵ月間は望遠鏡で観測することができた。

フランスではオズー，ローマではカッシーニ，オランダではホイヘンス，ダンツィヒではヘヴェリウス，イギリスではフックというように，ヨーロッパの天文学者はみな，毎晩この彗星を追った。まだ学生だったニュートンも，この彗星についてノートに書きしるしている。

みなが持っていた疑問のひとつに，彗星の軌道の問題があった。ティコ・ブラーエが考えていたように，それは円軌道なのか。それともケプラーがいうように，直線軌道なのか。ケプラーは，彗星の軌道が曲線に見えるのは見かけだけで，それは地球が太陽のまわりをまわっているからだと主張していた。

1664年の彗星は，この疑問に答えると同時に，より重要な問

⇨天体観測——星図作成者にとって，夜空と星図を交互に見つづけなければならないことは，悩みの種だった。星図が明るく照らされていると，夜空でかすかに光る星を見るためには，数分間目を慣らす必要があった。星図を照らす光をできるだけ弱くし，目の負担を少なくする赤い光を使うことで，その問題が解決できた。一番良いのは，赤い炭火が燃える火鉢を使うことだったと思われる。星図作成は夜間に行なわれるため，暖をとることができるのも，火鉢の利点だっただろう。

題も提起した。まずはじめに，彗星の軌道は実際に曲線を描いていることがあきらかになった。ヘヴェリウスは，この軌道が楕円の弧を描いていると仮定した。その一方で，このときはじめて，彗星の軌道が閉じているかもしれないという発想が生まれた。つまり，同じ彗星が定期的に何度もあらわれる可能性が考えられたのである。

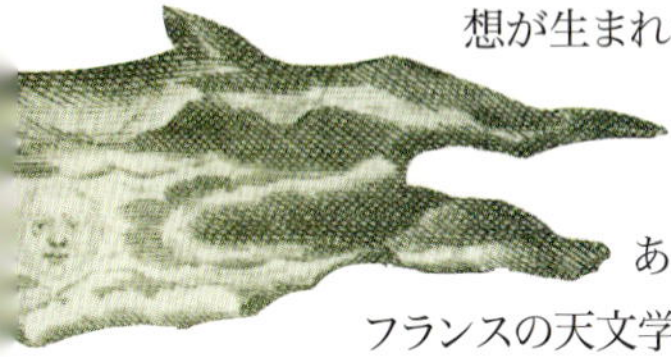

フランスの天文学者ピエール・プティが『彗星の性質に関する研究』（1665年）のなかで，この考えをはじめて発表した。彼は1664年の彗星は，1618年の彗星と同じものと仮定した。フックもそう考えて，1665年３月に開かれた彗星に関する会議で自説を発表した。

1664年の彗星がはたした歴史的役割は，これだけにとどまらない。パリ天文台が建設されたのは，おそらくこの彗星がきっかけである。事実，1664年の彗星はありとあらゆる人びとの心をとらえ，宮廷人たちでさえこの彗星に関心を示した。プティは『彗星の性質に関する研究』をルイ14世に献呈し，そのときにオズーが天文台の創設を主張したのである。

最後に，この彗星は「逆行」彗星だった。つまり，惑星やその衛星が太陽のまわりを回る方向とは逆にまわっていたのである。別のいいかたをすれば，デカルトの「渦動」の流れに逆らっていたので，天空の動きの原因に関するあきらかな問題が生じたのだった。

〔左頁〕⇧⇩彗星の通過――彗星は非常に長いあいだ凶事の前兆とみなされ，恐ろしいものと考えられていた。当時の人びとは，空は神々のメッセージが記される掲示板のようなものだと信じていたのである。そこに突然あらわれる彗星は，緊急のメッセージ，つまりさしせまった凶事を予告するものだとされていた。干ばつも飢饉も洪水も伝染病も起こることなく過ぎる年はめったになかったので，彗星が出現した年はたいていそのような出来事が起きることになった。

Im Jahr Christi. 1664. den 1¼/2¼ Decemb: in der Nacht gegen Tag, nacht 5. der Klaﾉnern Uhr, ward in deﾉ H. Röm: Freÿen Reichs Stadt Nürnberg, dieſer Erſchröckliche Comet Stern wie hier Abgebildet Zuerſehen

学生時代のニュートンにとって，この彗星は少なくともあの有名なリンゴと同じくらい，重力について考えることになったきっかけだと思われる。

　いずれにせよ，彗星が万有引力の手がかりをあたえたにもかかわらず，フックとハリーはそれを解明することができなかった。

⇧1664年12月24日にニュルンベルク（ドイツ）で観察された彗星の様子

⇩ヘヴェリウスが描いた4つの彗星のデッサン──ポーランド・ダンツィヒのビール醸造業者で市長のヨハネス・ヘヴェリウスは，妻と共に天文学に熱中した。彼はいくつもの器具を考案し，とくに土星や彗星の観測に貢献した。

フックは1664年の彗星で，ハリーは1680年の彗星で，「すべてを引きつける力」があることを予感したが，それは「万有引力」とは別のものだった

　当時の科学者たちがみなそうだったように，フックも非常に多種多様なテーマを研究対象としていたが，なによりもまず彼は物理学者だった。彼は弾性に関する法則を発見し，それはフックの法則と呼ばれている。おそらくそうした理由から，彼は機械装置のなかに，太陽系の天体のあいだに存在すると思われる引力のモデルを探ったのだろう。

　中心のほうへ引きつける力，つまりただの振り子によって，惑星の軌道のように楕円を描くことのできる単純な装置がある。この振り子を，均衡位置から遠ざけて手を離すと，均衡

位置から両側に向かって円の弧を描いて揺れる。しかし振り子を均衡位置から遠ざけたあと，そのまま手を離さずに横のほうへ放つと，中心のまわりにほぼ楕円の曲線が描かれる。放つ力をきちんと計算すれば，円を描くこともできる。

フックはこの装置を研究し，それについてニュートンに何通か手紙を送ったが，ニュートンはあいまいな返事しか書かなかった。フックの装置は，完璧なものではなかった。「引きつける中心点」にあたる均衡位置は楕円の中央で，惑星の軌道にとっての太陽にあたる焦点（楕円の位置と形を定める要素となる2点）ではなかったからである。それにもかかわらず，フックはこの装置をよりどころとして，引きつける力は距離に反比例する，つまり，2倍遠い場所にある天体は2倍弱く引きつけられると仮定した。

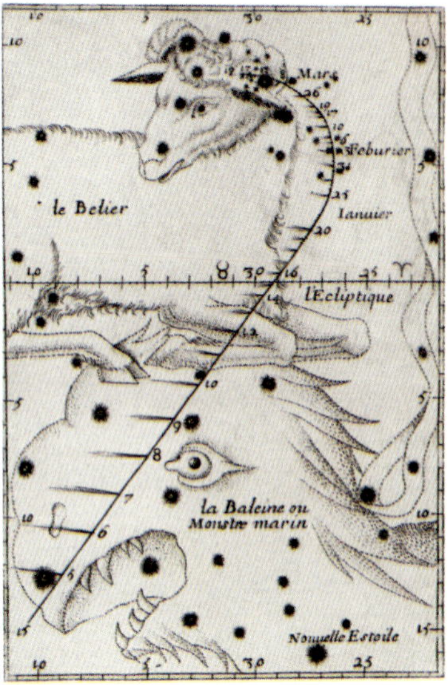

⇧彗星の見かけ上の軌道──ピエール・プティの『彗星の性質に関する研究』（1665年）の挿絵。連続して観測を行なうと，星座との関連で，彗星の見かけ上の動きや尾の大きさと方向を追うことができる。しかしその動きの大部分は数日間のもので，軌道のほんのわずかな部分にしか相当せず，そこから全体の形を求めることは難しい。

20年後，ハリーはフックとは別の彗星をもとに，天文学者としてケプラーの第3法則から引力の問題を考えようとした。ケプラーの第3法則とは，惑星の軌道の直径の3乗は惑星の公転周期の2乗に比例する，というものである。

ハリーは惑星の軌道を円と仮定して（これはそれほど重大な誤りではない），この法則を太陽が惑星を引きつける力に適用した。そして，引きつける力は距離の2乗に反比例すると考えた。つまり，2倍遠い場所にある天体は4倍弱く引きつけられ，3倍遠い場所にある天体は9倍弱く引きつけられるというのである。

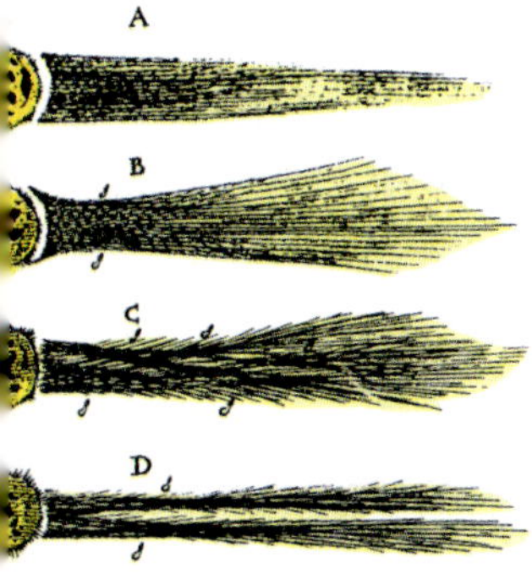

しかしハリーは，惑星の軌道は楕円であるというケプラーの第１法則を，この引きつける力によって証明しようとしたができなかった。彼はフックやほかの科学者たちにこの話をしたが，彼らもみなハリーと同じく，答を出せなかった。そこ

⇧1680年のニュルンベルクの彗星――劇的な描写だが，実際にはどんな彗星も，これほど明るくはない。

で1684年に，ハリーは誰よりも曲線とその特性を知っていると思われていた人物，アイザック・ニュートンに，自分の疑問をぶつけてみることにしたのである。

❖1684年8月に天文学者ハリーは，王立協会のメンバーたちを悩ませていた難問についてのニュートンの考えを聞くため，ケンブリッジを訪れた。ニュートンはその問題に関する完璧な答を数年前に得ていたため，それをハリーに教えた。太陽系のすべてのものの動きは，ただひとつの法則，つまり重力によって説明できることは，いまやあきらかだった。あとは，それをニュートンが発表しさえすればよかったのである。……………………………………

第4章

ついに，万有引力が！

〔左頁〕ニュートンの肖像――代表作『プリンキピア』によって，彼は力学のあらゆる分野における20年間の研究を発表した。

⇨真空の力に関する実験

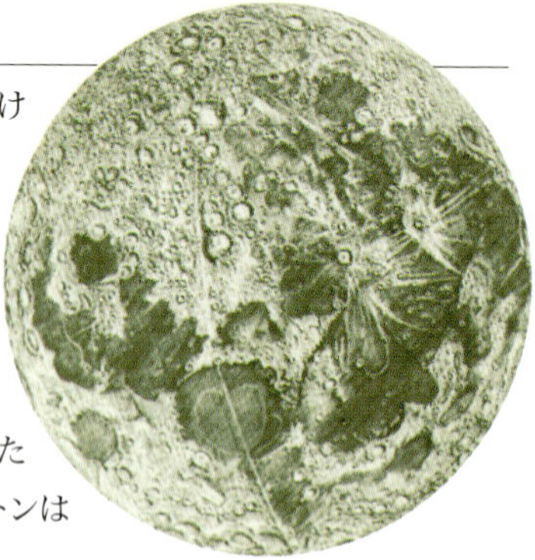

こうしてニュートンは，1665年から66年にかけての「驚異の年」から長いあいだとりくんできた数学の分野を，ついに完成させた。それまで円に関する計算しかできなかったが，彼が発見した新しい方法によって，楕円に関する計算もできるようになった。万有引力の概念を導入することで，それまで観測された惑星の動きを描写しただけにすぎなかったケプラーの法則を，ニュートンは証明することができたのである。

さらにニュートンは，それまで仮定でしかなかったもうひとつのことも証明することができた。それは，天体はすべての質量が中心にあるとみなせることだった。その結果，地球の中心からの距離で，たとえばリンゴの落下の計算を行なって良いことがわかった。さらに，この距離，つまりリンゴの場合ならば地球の半径が，ようやく判明したのである。

ピカールの測定のおかげで，ニュートンは自分の法則の正しさを確かめることができた

1666年にリンゴと月を比較した計算をしたとき，ニュートンは地球の半径のおおまかな数値しか使えなかった。その5年後，ピカールが地球の半径を正確に測定したが，ニュートンがその結果を知ったのは1682年になってからのことだった。

これはニュートンにとって非常に重要な出来事で，次のようなエピソードが残されている。ピカールによる測定結果を知るとすぐに，ニュートンは仕事机に飛んでいき，地球の半径の新しい数値を使ってリンゴと月に関する計算をやりなおした。この計算はうまくいき，ニュートンの正しさを証明

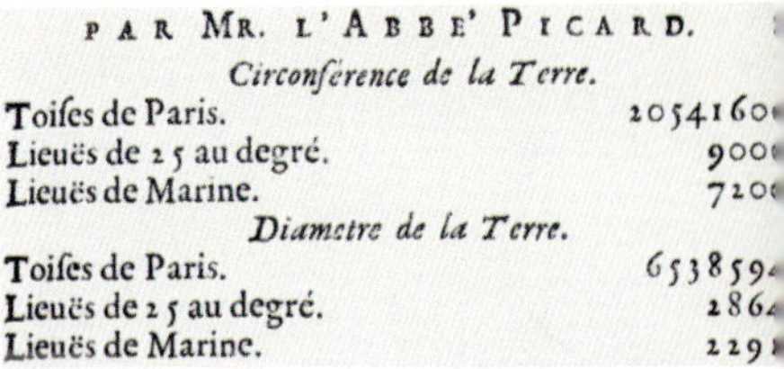

```
PAR MR. L'ABBE' PICARD.
        Circonférence de la Terre.
Toises de Paris.              2054160
Lieuës de 25 au degré.            900
Lieuës de Marine.                 720
        Diametre de la Terre.
Toises de Paris.               653859
Lieuës de 25 au degré.            286
Lieuës de Marine.                 229
```

⇧ピカールによる測定結果——ニュートンは，ピカールによる測定結果をその発表後何年もたってから知ったが，これは非常に不思議なことである。

彼はフランスの科学者たちによる最新の発表に通じており，ヨーロッパより赤道地帯のほうが振り子がゆっくり動くという情報（ギアナのカイエンヌへ行ったリシェが確認し，その後，科学アカデミーが西アフリカの沖に浮かぶカーボヴェルデ島とカリブ海のアンティル諸島に送った調査隊によって実証された）は非常に早い時期に得ている。

カーボヴェルデ島とアンティル諸島に送られた調査隊には，経度を正確に測定する任務もあった。経度はそれまでおおよその数値は知られていたが，信頼するに足る地図を作成するためには正確な数値が必要だった。

〔左頁上〕月の地図
〔左右頁〕北半球図

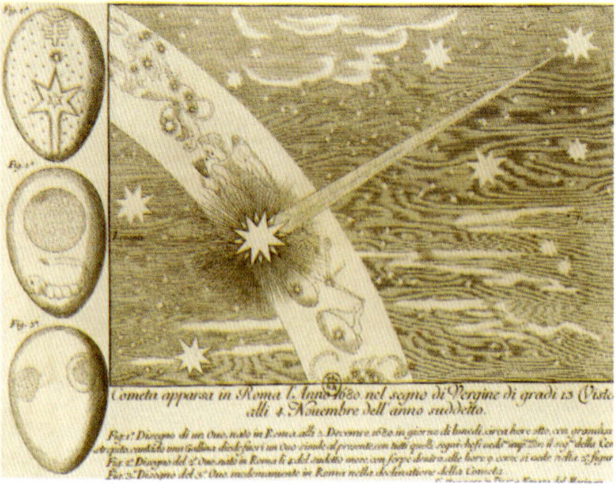

Cometa apparsa in Roma l'Anno 1680 nel segno di Vergine di gradi 13 Visto
alli 4 Nouembre dell'anno suddetto.

⇦1680年にローマで観測された彗星――おとめ座のなかに出現した1680年の彗星は，ローマで奇妙な現象をもたらした。彗星が移動するにつれ，めんどりがけたたましく鳴き，不可解なしるしのついたたまごを産みはじめたのである。それぞれのたまごについて，産み落とされた日付と時間がこまかく書きとめられた。

このように，彗星には神秘的な力があるということが，1680年にはまだ根強く信じられていた。なかでも，黄道12星座にあらわれる彗星は特別だった。黄道12星座は，こんにちでもなお，星占いと結びついている。

するかのように数字が意思を持って並んだ。そのため彼は感動のあまり計算を続けることができなくなり，自分のかわりに計算を続けるよう，友人に頼まなければならなかったという。

いずれにせよ，1682年には，引力は距離の２乗に反比例するという仮説が証明されたのである。

1680年と1682年に大彗星が出現したとき，ニュートンは天文学に立ちもどった

彼は王室天文官のフラムスティードに手紙を書き，フラムスティードが作成した彗星の観測表や，パリ天文台のカッシーニが送ってくるデータを見せてほしいと頼んだ。1680年の彗星は1664年の彗星よりずっと湾曲した動きで，天文学者たちは，1680年12月にあらわれた彗星と，そのすぐあとの1681年１月にあらわれた彗星は同じかもしれないと考えていた。

当然のことながら，彗星がなぜこのような動きをするのか，という疑問がわきあがった。フラムスティードはニュートンへの手紙のなかで，太陽の両極が磁力によって彗星を引きつけたりはねかえしたりしている可能性を示唆した。それに対してニュートンは，赤く熱せられた磁石はその力を失う事実を

⇧パリ天文台での1682年の彗星の観測――パリ天文台の庭で，カッシーニが，のちに「ハリー彗星」と呼ばれることになる1682年の彗星を観測している。激しい好奇心にかられた人びとの様子から（なかには女性もいる），学問的な雰囲気のなかでも，彗星がなお感情に訴えかける存在であることを示している。

指摘し，そのため太陽が彗星に磁力をおよぼしているという主張に疑問を呈した。その上ニュートンは，引きつける力が特定のときにはねかえす力に変わるという考え方を受けいれなかった。むしろ彼は，ふたつの彗星が異なるものだという説をとっていたように思われる。

1682年には，さらに明るく輝く彗星が姿をあらわし，熱心な研究が行なわれた。のちに「ハリー彗星」と呼ばれるこの彗星は，軌道の計算に適したさまざまな要素に恵まれていたため，ニュートンの理論を実証することに役だった。

途方もない発見を秘密にしていたニュートンは，ハリーの説得によって，ついにそれを公表するにいたった

ニュートンが突然態度を変えた一番の理由は，ハリーとのあいだに友情が生まれたことだと思われる。ハリーは，ニュ

ートンがおそらく人生ではじめて信頼した人物であり，その信頼は決して裏切られることはなかった。

さらにニュートンが，もしほかの人に発見の功績を奪われたくないなら，いま公表する必要があった。ハリーはあきらかに，距離の2乗に反比例する引力を発見する寸前だったし，ハリーの言葉を信じれば，フックもまた同じ状況にあった。さらに，数学の分野におけるニュートンのライバルであるライプニッツが，ニュートンのものとは異なるが同じくらい得るものの大きい計算方法を発表したばかりだった。

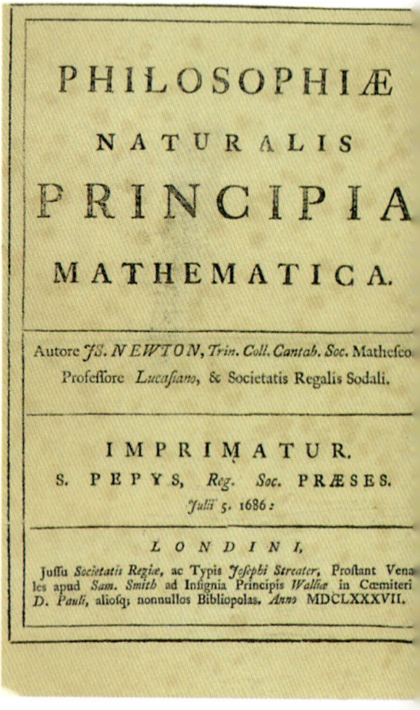
PHILOSOPHIÆ
NATURALIS
PRINCIPIA
MATHEMATICA.

Autore JS. NEWTON, Trin. Coll. Cantab. Soc. Matheseos Professore Lucasiano, & Societatis Regalis Sodali.

IMPRIMATUR.
S. PEPYS, Reg. Soc. PRÆSES.
Julii 5. 1686.

LONDINI,
Jussu Societatis Regiæ, ac Typis Josephi Streater. Prostant Venales apud Sam. Smith ad Insignia Principis Walliæ in Cœmiterio D. Pauli, aliosq; nonnullos Bibliopolas. Anno MDCLXXXVII.

ハリーはロンドンに戻った。ニュートンは彼に，年末までには証明したものを送ると約束した。ハリーはニュートンの証明を正式に記録するため，それを王立協会に提出することにした。そしてその後，もっと分量のある本を出版するかどうかが検討されることになった。その本のなかでニュートンは，力学のあらゆる研究と，天体の運動への応用を説明することになるのである。

王立協会の好意的な反応をハリーから知らされる前に，ニュートンは『プリンキピア』の作成にとりかかった

彼は2年足らずで，『自然哲学の数学的原理』（ラテン語タイトル『プリンキピア』）の最初の2篇を完成させた（当時はまだ，物理学は「自然哲学」と呼ばれていた）。

この2篇には，彼の理論がすべて含まれている。重力と，運動を描写しそれらを決定する力と関連づけるために彼が確立した一般法則のすべてである。われわれが「ニュートンの法則」とよんでいるこれらの法則は，200年以上ものあいだ力学全体を支配することになる。ニュートンはそれらの法

則を，すでにさまざまな分野に適用していた。彼は，衝突，振り子，放物体，空気抵抗，流体の平衡，振動の伝播などを研究した。つまり，まだ初期段階にあった支離滅裂な物理学が，突然調和のとれた，体系化されたものになったのである。

第3篇は，彗星を含むすべての天体の運動への理論の応用にあてられた。1684年末に，ニュートンはフラムスティードに，彗星の動きに関するデータに加えて，木星と土星の衛星の軌道の大きさについての資料もほしいと頼んでいる。このことから，彼が数年間天文学から離れていた事実がわかる。彼は，カッシーニが1671年と72年にイアペトゥスとレアという新しい土星の衛星を発見したことを知らなかった。ニュートンにとっては，土星の衛星は1656年にホイヘンスが発見したタイタンだけだったのである。

この第3篇は，数学者でない人びとの関心を一番引く部分である。しかしこれは，危うく出版されないところだった。ニュ

〔左頁〕『プリンキピア』の初版本（1686年刊）
⇩内ページ――王立協会会長サミュエル・ピープスの認可によって出版されたこのニュートンの有名な著作は，もちろんかなり難解な本である。

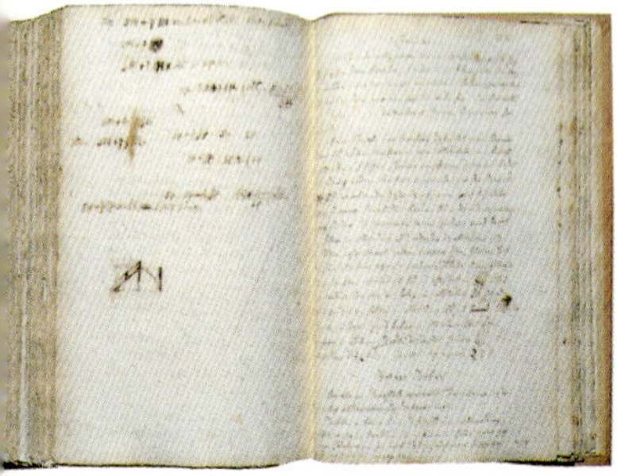

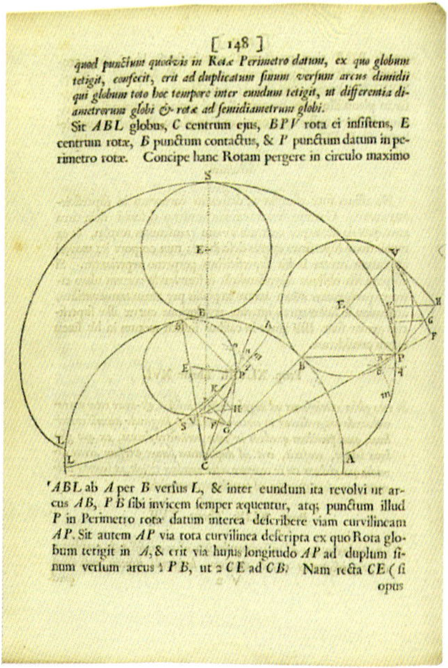

[148]

quod punctum quodvis in Rotæ Perimetro datum, ex quo globum tetigit, confecit, erit ad duplicatum ſinum verſum arcus dimidii qui globum toto hoc tempore inter eundum tetigit, ut differentia diametrorum globi & rotæ ad ſemidiametrum globi.

Sit *ABL* globus, *C* centrum ejus, *BPV* rota ei inſiſtens, *E* centrum rotæ, *B* punctum contactus, & *P* punctum datum in perimetro rotæ. Concipe hanc Rotam pergere in circulo maximo *ABL* ab *A* per *B* verſus *L*, & inter eundum ita revolvi ut arcus *AB*, *PB* ſibi invicem ſemper æquentur, atq; punctum illud *P* in Perimetro rotæ datum interea deſcribere viam curvilineam *AP*. Sit autem *AP* via tota curvilinea deſcripta ex quo Rota globum tetigit in *A*, & erit via hujus longitudo *AP* ad duplum ſinum verſum arcus ½ *PB*, ut 2 *CE* ad *CB*. Nam recta *CE* (ſi

opus

⇖ニュートンが訂正した『プリンキピア』の原稿

ートンに出版を承諾させるため，ハリーは力のかぎり努力する必要があったのである。

ニュートンは『プリンキピア』を王立協会に献呈し，1686年4月に王立協会は最初の2編の原稿を受けとった

王立協会は，ニュートンの原稿をただちに印刷することを決めた。当時のイギリスの法律では，本を出版するためには正式な認可が必要だった。非常にかぎられた人物だけが，出版認可をあたえることができた。つまり，カンタベリー大主教，ロンドン主教，オックスフォード大学とケンブリッジ大学の総長，そして王立協会会長である。

そういうわけで，王立協会がニュートンの原稿の出版を即座に決定したため，最初の関門は突破した。残る問題は印刷に必要な金銭を手に入れることだったが，そのとき王立協会は無一文だった。ハリーは父の死と遺産相続にまつわる長い訴訟で困難な状況に置かれていたが，なんとか出版の費用をまかなうことができた。おそらくハリーは，ニュートンを説得するため，印刷所との話しあい，校正刷りの訂正，計算や図表のチェックといった，具体的な問題をすべて引きうけていた。その上，費用まで負担したのである。

つまり，あらゆる点でハリーは，この本の発行者，しかも著者の望みに最大限配慮した理想的発行者だった。1686年6月7日，彼は用紙や活字や図表のサイズについて意見を聞くため，ニュートンに校正刷りの最初のページを送っている。同じころ，ニュートンは別の問題に直

⇩エドモンド・ハリー──彼は『プリンキピア』を世に出したことで知られるが，個人的にもかなりの業績を残している。天文学の分野では，南半球の星表の作成と彗星の研究のほかに，彼はヘラクレス座球状星団を発見し，1718年には恒星固有の運動をあきらかにした。

面していた。フックが，自分こそが万有引力の発見者であると主張してきたのである。

ニュートン以外の人びとはフックの言い分を重大に考えなかったようだが，ニュートン本人は深く傷つき，第3篇の出版をやめようとした。彼はハリーにこう書き送っている。

「哲学（ここでは物理学のこと）というものは，生意気で論争好きな女性のようなものだから，訴訟に巻きこまれたり相手とかかわりあったりする羽目に陥ってしまう。私は以前そのことを経験したので，警告を受けたら近づかないことに決めたのだ」

ハリーは必死にニュートンの決意を翻させようと努力し，結局ニュートンは譲歩した。おそらく，第3篇がなければ本の売れ行きが悪くなり，その結果，ただひとりの友人を破産させてしまうことになるとニュートンは考えたのだろう。

そして1687年初頭の『哲学会報』186号で，そのころこの雑誌の編集長となっていたハリーは，「たくさんの書店」で発売中の『プリンキピア』について，絶賛する記事を書くことができたのである。

『プリンキピア』が同時代人にあたえた効果は，簡単に要約することができる。つまり誰もが感心したが，誰もが理解できなかった

「一般大衆」，つまり科学の専門家ではないが好奇心が強い教養のある人びとにとって，『プリンキピア』はとっつきにくい本だった。この本は難しい数学論で，おそらく第3篇は別として，普通の人にはほとんど理解できなかった。しかしこの本は広く受けいれられ，成功を収めた。読者のなかには果敢にも内容を理解しようと試みるものもいた。

この意外な反応は，当時，科学の進歩，とくに数学に対して広く関心が持たれていたことを示している。『プリンキピア』の出版認可にサインした王立協会会長サミュエル・ピープスは，20年前に海軍省の書記官だったとき，仕事のためばか

いまの言葉でいうなら，ハリーは地球物理学者である。彼は，地磁気場，潮汐，海流を詳細に研究し，とくに気象現象の理解を大きく前進させた。そして太陽によって熱せられた気団の垂直方向への動きによって，貿易風をはじめて説明することに成功した。また，蒸発，雲，雨，川，海，蒸発，とくりかえされる水の循環をはじめて説明したのも彼である。ハリーは，ニュートンの世界体系では無視されていた地球の物質間の熱交換が，重要な役割を持っていることを最初に見抜いた人物だった。

⇩印刷工の作業

りでなく楽しみのためにも，数学の個人授業を受けていた。

人びとはこぞって『プリンキピア』に関心を寄せた。ハリーをはじめとする科学者はみな，この本は新しい科学精神の傑作であるとくりかえし主張した。しかし，内容を理解することは難しかった。専門家でない人びとは，この本を注釈したり通俗化させる人を求めた。

ここでもハリーは，機先を制した。1687年に国王に完全な形の『プリンキピア』の初版本を送る際，彼は長い手紙を添えている。その手紙は，その後すぐに『潮汐に関する国王への説明』という題名で出版された。そのなかで，ハリーは誰にでもわかりやすい言葉で，ニュートンの数々の成果のひとつ，つまり地球の中心と表面に対する月の引力の違いによる潮汐の徹底的な最初の説明について詳しくのべている。

ハリーは，物理学と天文学の両方に関係のある良いテーマを選んだ。また彼が海への愛着を持っていたことも，潮汐をテーマに選んだ理由だろう。のちに彼は，海流の研究用に地磁気図を作成するため，世界中の海をかけめぐることになる。

科学者たちの反応も，敬意と無理解が奇妙に混じりあったものだった

ハリー以外に，『プリンキピア』を完全に理解することができた科学者は，ヨーロッパに10人程度は存在した。ホイヘンス，ライプニッツ，フック，レーマーなどである。

⇙サミュエル・ピープス——1659年から69年まで，彼は独自の速記法を使って日記を書いた。1825年にようやく解読されたこの日記は，非常にさまざまな事件が続発した時期の，ロンドンにおける日常生活の貴重な記録である。

〔右頁上〕ロンドンのコーヒーハウス——当時コーヒーハウスは，知識人が集まる社交場のひとつだった。

⇩J・ヴェルネの絵画『海景，月光』

そのほかに，証明の詳しい部分は理解できなくても，結果の重要性や全体像を把握することのできる科学者は大勢いた。ところが，ここで根本的な問題が生じたのである。

それは，離れた場所からなんらかの作用がおよぼされるということについての問題だった。デカルトの渦動説では，目に見えない物質によって押されることで天体の運動が説明されていた。しかし，何百万キロメートルもの空間があるのに，物質が接触することなく，離れた場所からなんらかの作用がおよぼされるという発想は，神秘的な領域に属する古代の自然学に立ちもどるかのようで，受けいれがたかったのである。それは,自然現象は真空の出現に反対するように進行する「真空嫌悪」という考え方が浸透していたからだった。

ニュートンは，万有引力の物理的性質についての論争にかかわりあうことはしなかった。彼は法則を，確認されたすべての動きを計算することのできる数学という形で，自然から

⇙ パスカルの『大気の重さについて』の図版

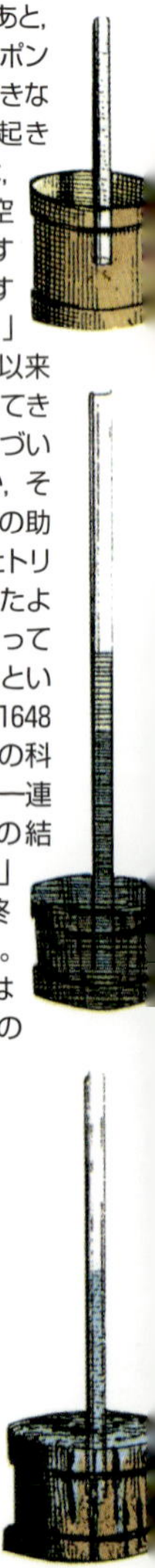

⇗ 水圧装置 ——1642年にガリレオが亡くなったすぐあと，水をくみあげるポンプにまつわる大きな科学的論争が起きた。ポンプは，自然現象は真空の出現に反対するように進行する「真空嫌悪」というガリレオ以来根強く支持されてきた考え方にもとづいて機能するのか，それともガリレオの助手を務めていたトリチェリが主張したように空気圧によって機能するのか，という論争だった。1648年に，フランスの科学者パスカルが一連の詳しい実験の結果，「真空嫌悪」による解釈に終止符を打った。それらの実験はのちに，「流体の平衡」に関する論文のなかで発表された。

切りはなした。引力をおよぼし，引力を伝えている要因の実体について考えることはしなかったのである。

ところが，科学者たちは耳を貸そうとしなかった。誰もが，ニュートンの打ちたてた数学的理論については称賛した。しかし誰もが，ニュートンのように哲学的帰結を回避することにはためらいを示した。この態度は，1688年にフランスで『プリンキピア』を紹介するために『ジュルナル・デ・サヴァン』に掲載された記事に要約されている。この記事は，「想像できるかぎりでもっとも完璧な力学」に対して敬意を表しているが，「その力学と同じくらい正確な物理学をわれわれに示す」よう，つまり引力の実体について説明するよう，ニュートンに求めている。

それがはじめて模索されるようになるのは，20世紀に一般相対性理論が登場するまで待たなければならない。一方，「完璧な力学」のほうは，その後数世紀をかけて，勝利に次ぐ勝利を収めたのである。

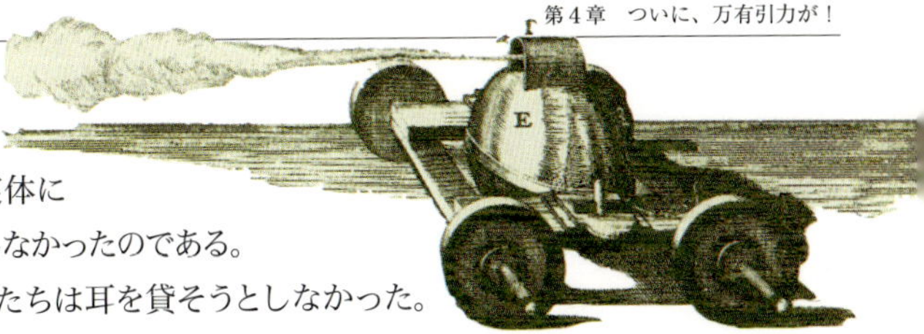

⇧蒸気の噴出によって前進する車――この車は，おそらく実際には存在しなかった。これはニュートンの第3法則，つまり作用と反作用の法則を適用した，18世紀中ごろの見本である。事実，ニュートンの3つの法則は力学全体を制御し，運動が介在する装置ならばどのようなものでも，当時もいまも，必然的にそれらの法則に支配される。しかしこの車は架空のものでも，われわれは，実際に同じ原理による機械があることを知っている。

❖ひとつの理論に対するはっきりとした確証を得るためには，予言が現実となる必要がある。一方で，すでに確認されている現象を説明し，もう一方で，まだ知られていない現象を予測しその存在を確認しなければならない。1735年に科学アカデミーは，ニュートンの予言のひとつを立証することを決めた。それは，地球は両極が扁平であるというものだった。

第５章

勝　利　に　次　ぐ　勝　利

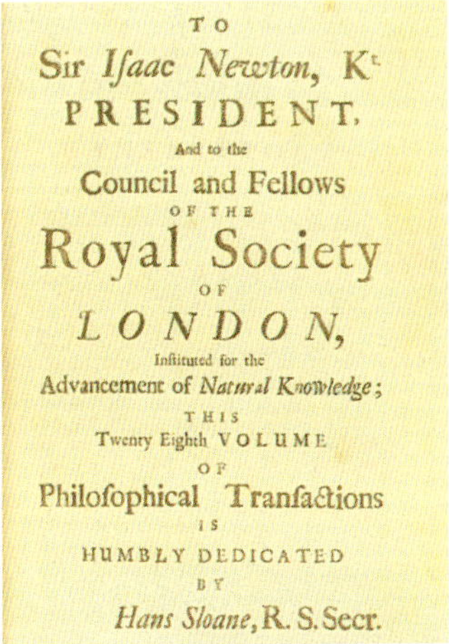

TO
Sir *Isaac Newton*, K^t.
PRESIDENT,
And to the
Council and Fellows
OF THE
Royal Society
OF
LONDON,
Instituted for the
Advancement of *Natural Knowledge*;
THIS
Twenty Eighth VOLUME
OF
Philosophical Transactions
IS
HUMBLY DEDICATED
BY
Hans Sloane, R. S. Secr.

〔左頁〕欧州宇宙機関の衛星メテオサットが撮影した地球の写真――重力理論によって，150年のあいだに，地球の扁平度，ハリー彗星が戻ってくる年，そして新しい惑星の存在の予想などが，次々と可能になった。

⇨『哲学会報』の本扉

1699年に，ニュートンはフランスの科学アカデミーの外国人会員に選ばれた。科学アカデミーでは，会員が亡くなると，その業績をたたえる演説が行なわれることになっていた。そういうわけで，1727年にニュートンがこの世を去ったとき，科学アカデミーの終身事務局長フォントネルはニュートンを称賛する演説を行なった。

ニュートンが1704年に出版した2冊目の大著『光学』は，デカルト派とニュートン派の論争をふたたび活発化させた。しかしこの論争は，良くいわれているほど画一的なものではなかった。たとえば，デカルトにもっとも近い後継者だった哲学者マルブランシュはむしろ折衷的な態度をとり,「反ニュートン」色の薄い科学者のグループをひきいていた。

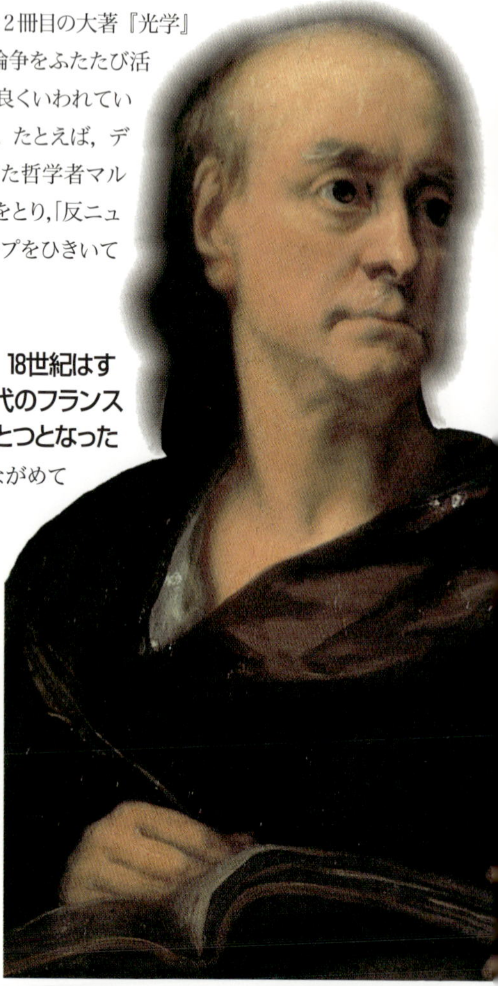

ニュートンが亡くなったとき，18世紀はすでにはじまっていた。その時代のフランスでは，思想の自由が争点のひとつとなった

ニュートンの葬儀を感慨深くながめて

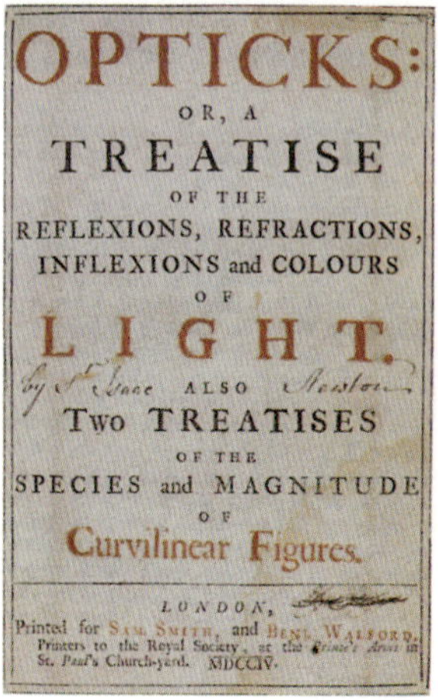

OPTICKS:
OR, A
TREATISE
OF THE
REFLEXIONS, REFRACTIONS,
INFLEXIONS and COLOURS
OF
LIGHT.
ALSO
Two TREATISES
OF THE
SPECIES and MAGNITUDE
OF
Curvilinear Figures.

LONDON,
Printed for SAM. SMITH, and BENJ. WALFORD,
Printers to the Royal Society, at the Prince's Arms in
St. Paul's Church-yard. MDCCIV.

いた人びとのなかに，ひとりの若きフランスの作家がいた。啓蒙思想家でもあったヴォルテールである。彼は自由思想に傾倒していたためバスティーユ牢獄に投獄され，出獄後ロンドンに亡命してきたところだった。彼は『イギリス書簡』のなかで，イギリスの自由な雰囲気を礼賛し，フランス社会を手厳しく批判した。

こうしたことが影響して，1735年と36年に科学アカデミーは，地球は両極が扁平であるというニュートンの説を立証するために，調査隊を送ることを決めた。もし地球が扁平であるなら，ヴォルテールの言い分にも耳を貸さなければならなくなる。科学が偏見に勝り，思想の自由を体現する国と考えられていたイギリスの模範的な市民であるニュートンが既成の権威よりも正しいなら，その事実は受けとめなければならないのである。

扁平の問題は，まずはカイエンヌでリシェが，その後セント＝ヘレナ島でハリーが，振り子に関して確認した事実に起源があった

ふたりとも，熱帯地方では同じ振り子がパリやロンドンよりゆっくり動く事実を確認していた。ハリーはさらにセント＝ヘレナ島で，振り

〔左頁〕『光学』の初版本（左）とニュートンの肖像画（右）——1704年に，62歳のニュートンは『光学』と題された2冊目の著書を出版した。この本にも，彼はたくさんの発見やありとあらゆる種類の実験をつめこんだ。フランスの科学者たちは，この本のラテン語版が手に入るとすぐに，それらの実験を根気強く再現した。それらの実験が成功したことで，不幸にも，20年前にホイヘンスが展開した光の波動説が，一時的にせよ否定される結果となった。

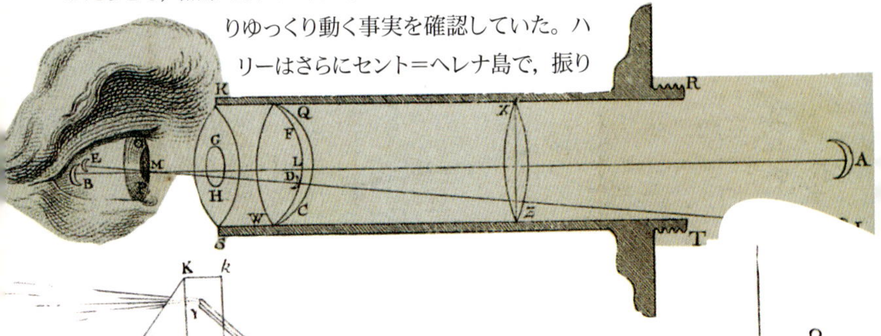

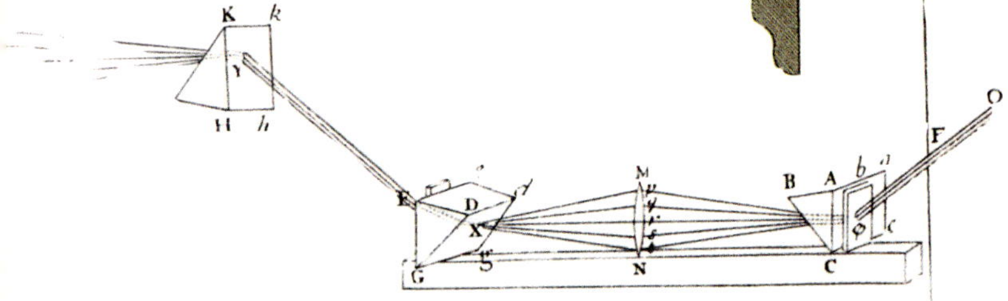

⇩『光学』（フランス語版）に収録された図版

子は山の上では海岸よりもゆっくり動くことも確かめていた。この調査結果は，フックが引力の減少について考えるきっかけにもなった。

というのも，誰もが認めていたように，振り子がゆっくり動くのは，おもりの重さが軽くなった場合だからである。まずはじめに，これには遠心力が関係していると考えられた。赤道地帯のほうが，自転の回転距離が長いからである。しかしこれだけでは，両方の差の半分にしかならなかった。もう半分について，ニュートンは，パリやロンドンとくらべて赤道地点は，地球の中心から遠い場所にある，つまり，地球は完全な球体ではなく，ミカンのように少し平たい形をしていることから説明できると主張した。

そのことが立証できれば，ニュートンの理論が決定的に正しいことがあきらかになる。もし地球が実際に両極より赤道のほうが「ふくらんで」いるなら，赤道上のほうが緯度１度に対する子午線の長さが短いはずである。そこで，すでにピカールがフランスで行なった測定を，赤道上でも行なうことが必要になった。1735年，科学アカデミーはこの測定をするため，ブーゲとラ・コンダミーヌひきいる調査隊をペルーに派遣した。

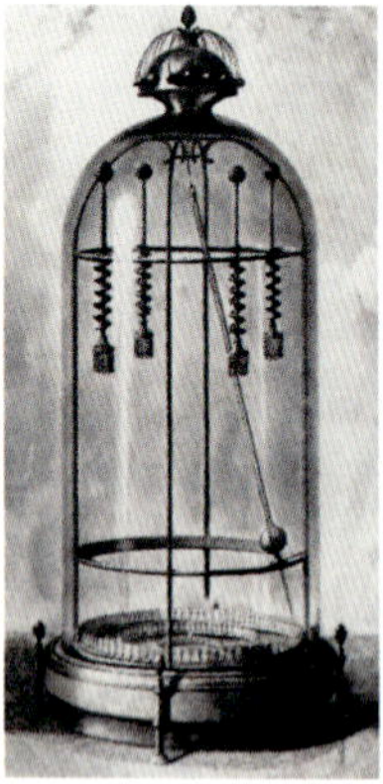

⇧振り子

⇩ペルーの観測地点――ペルー調査隊の任務はラップランド調査隊の任務よりも困難で，期間も2年以上かかった。しかし，すばらしい成果を得ることができた。

ペルー調査隊は,非常な困難に直面した。パリでは,モーペルテュイがうずうずしていた

数学者で生物学者で言語学者のモーペルテュイは，1728年からフランスにおけるニュートンの熱烈な支持者のひとりとなっていた。彼は，科学アカデミーがペルーへ調査隊を送る決定をするために一役買った。さらに，まずは科学アカデミー，次に国王ルイ15世の政府を説得して，北方への別の調査隊，ラップランド調査隊の派遣も決定させた。

彼はラップランド調査隊の隊長となり，みずから隊員を選んだ。みな若い隊員だったが，たとえばクレローはまだ23歳にもかかわらず当時のすぐれた数学者のひとりで，すでに5年前からアカデミー会員だった。カミュはもう少し年長だったが，ル・モニエはさらに若かった。

以上4人のアカデミー会員のほかに，通訳としてスウェーデンの天文学者アンデルス・セルシウスが，地図作成者としてウーティエ神父が同行した。非常に人好きのする好奇心旺盛なウーティエは，帰国後に旅日誌を出版した。

⇩モーペルテュイの肖像——調査旅行から戻ったあと，北極地方を探検したときの服装で描かれたもの。

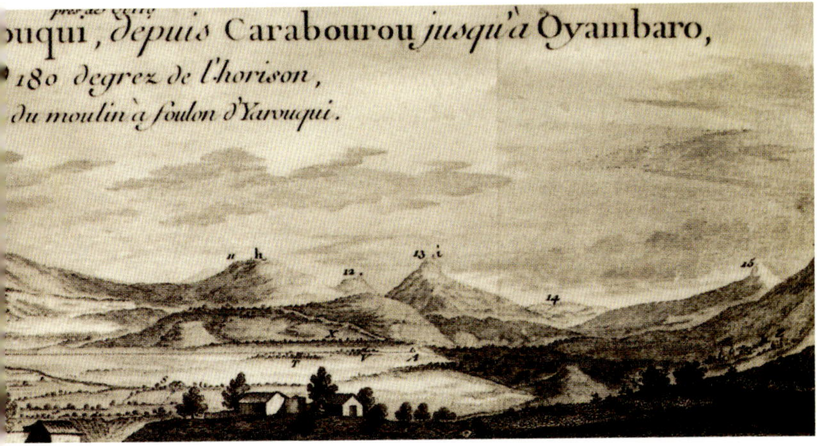

⇦ニエミ山頂での野営――ウーティエ神父が描いたデッサン。頂上にあるのは，遠くから見えるよう，皮をはいだモミの幹でできた「標識」である円錐型の柱塔。この柱塔は三角網の頂点のひとつで，ほかの頂点に照準を合わせるため，頂点に垂直になるよう，内部に器具類が置かれた。また重要な方角への見晴らしを良くするため，モミの木を何本か切り倒さなければならなかった。

調査隊は1736年4月20日にパリを出発し，7月はじめにバルト海の北に位置するトルネオに到着した

木造の家が数軒あるだけのこの「町」が，測定する子午線の弧の南端だった。その北側にはラップランドの森がはてしなく広がっていたが，当然のことながらその場所の地図など存在しなかった。それでも以前ピカールが行なったように三角測量をするため，森のどこかに目印となるような高い場所を見つけ，そこに照準器をとりつける必要があった。幸いにも，トルネオ川が北から南に流れていて，急流の場所さえ把握していればボートで進むことができた。

モーペルテュイは農民たちを雇い，彼らに道案内をさせ，ボートをこがせ，荷物を運ばせ，山の頂の見晴らしを良くするために木を切らせることにした。彼は「地面で寝る」ためにトナカイの皮を買い，7月7日には，一行を乗せたボートが貴重な器具類や「生活に絶対欠かすことのできない品々」と共に出発した。雑木林や沼地や蚊の大群に悩まされたにもかかわらず，6週間後には三角網が完成した。

弧の北端には，河岸にキッティスという小集落があった。調査隊はその小集落で納屋をひとつ買い，山の上に運んだ。その納屋は，最終地点の目印として使われると同時に，そこに石で支柱をつくり（モーペルテュイはセメントも忘れずに持っていった），測角器を設置する土台としても利用された。

しかし恒星が姿を見せる10月中旬まで，そこで待たなければならなかった。そして調査隊が無事角度を測ってトルネオに戻ったのは，川がすっかり凍ってしまうわずか4日前のことだったのである。トルネオでも測角器での測定が行なわれ，その後，棒を使って，凍った川の上で1区間が10

〔左頁上〕キッティス――この小集落は，測定する子午線の弧の北端に位置していた。この版画のなかには，スカンディナヴィア北部の村を構成しているさまざまな木造の建築物が見られる。干し草をつくるための，大きな「はしご」もある。左上に見えるのは，山の上に運ばれた建造物で，天文台として使われたもの。キッティスは測定場所の重要なポイントのひとつだったため，恒星との関係で鉛直線の方向を慎重に決める必要があった。

⇩そりにつながれたトナカイ――冬の交通手段として，モーペルテュイは「野生に近いトナカイの敏捷さ」を利用した。トナカイが引くそりは，しばしば転倒した。しかし，怒ったトナカイに足で蹴飛ばされそうになっても，「倒れたそりの下に逃げこむことができる」と，モーペルテュイはいっている。

キロメートルにもなる基線が測量されることになった。

測量のために，モーペルテュイはシャトレーの鉄製測定器の複製とレオミュールの温度計を持っていった

この鉄製の棒は，「レオミュール氏の温度計が15度をさす部屋」でしか，正確に長さを測ることができなかった。そのため，15度に暖めた部屋で,カミュが木の棒を切った。長さが「薄紙ほどの厚さ」とつりあいがとれるよう，彼はそれぞれの棒の端に釘を打ちこみ，その頭にやすりをかけた。

12月20日，一行はそりに乗って測量地点に出発した。気温は零下20度で，凍った川は60センチメートルもの雪でおおわれていた。太陽は昼ごろのぼり，1時間後には沈んだ。

しかし，1週間で基線を2度測ることができ，2度の測定結果の差はわずか4プス（約10センチメートル）だった。

トルネオに戻った隊員たちは，最後の仕事である計算にとりかかった。モーペルテュイの言葉どおり，それは簡単な計算だった。数日後，作業が終了した。ラップランドの緯度1度に対する子午線は，5万7395トワズ（1トワズは約2メートル）と出た。フランスの緯度1度に対する子午線は，ピカールがすでに5万7060トワズであることをつきとめていた。つまり，たしかに地球は両極が扁平だったのである。2年後，数々の困難を乗りこえて，ペルー調査隊も任務を完了し，ラップランドと同じ事実を確かめた。

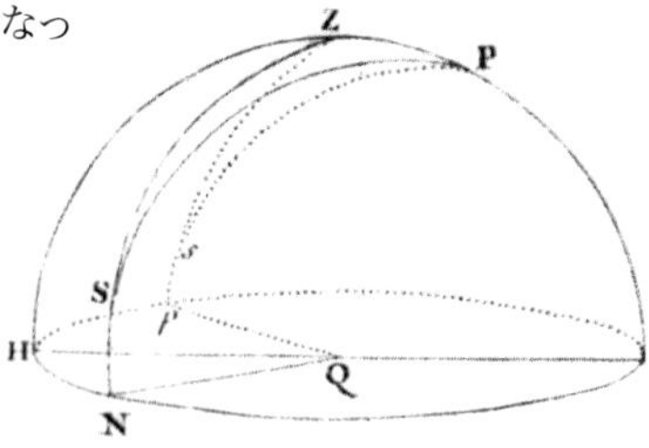

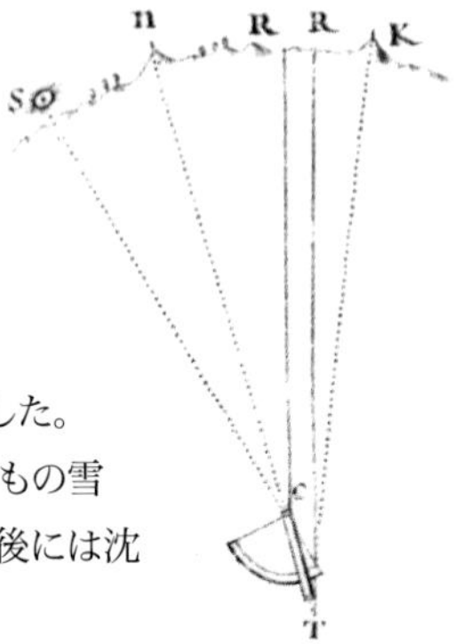

〔右頁〕キトの子午線の地図（左）とトルネオ川の地図（右）──ラップランド調査隊とペルー調査隊がフランスに戻ったあと，モーペルテュイは1738年に，ブーゲは1749年に，それぞれ自分たちの成果を『地球の姿』と題された本で発表した。これらの本には，調査の概略のほかに，現地で行なわれた三角測量の詳細な地図も掲載された。

⇧ペルーでのブーゲの測定

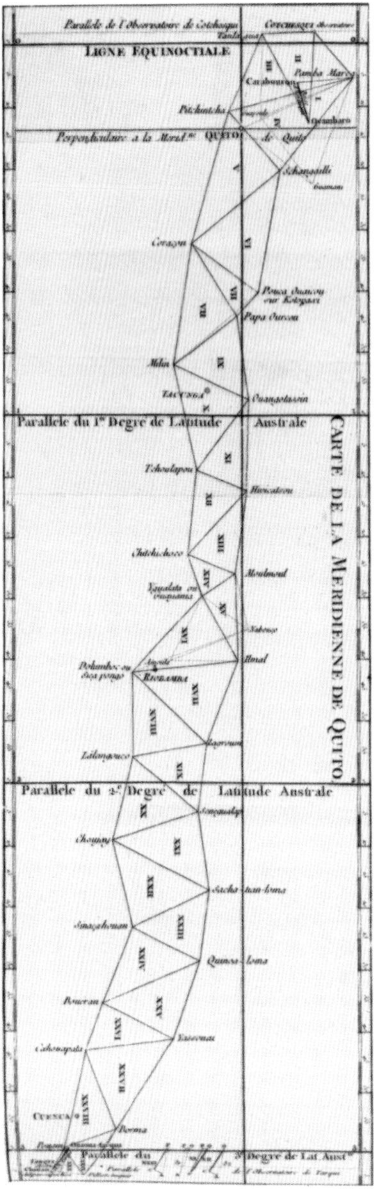
CARTE DE LA MERIDIENNE DE QUITO
LIGNE EQUINOCTIALE
Parallele du 1r Degré de Latitude Australe
Parallele du 2e Degré de Latitude Australe
Parallele du 3e Degré de Lat. Aust.

CARTE DU FLEUVE DE TORNEÅ
dans l'Espace compris par les Opérations Trigonomet.
Ligne du Cercle Polaire
TORNEÅ

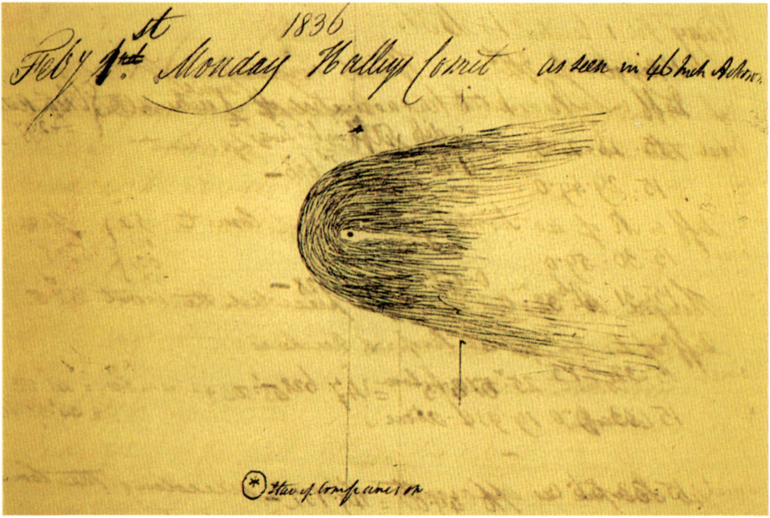

⇧1836年のハリー彗星——ハリー彗星の周期がわかれば，古い記録のなかから過去の出現年を調べることができる。下記の通り，何箇所か欠落もあるが，かなり昔までさかのぼることができる。前466年，前239年，前86年，66年，141年，218年，295年，374年，451年，530年，607年，684年，760年，837年，912年，989年，1066年，1145年，1222年，1301年，1378年，1456年，1531年，1607年，1682年，1759年，1835年，1910年，1986年。

出版から60年後に，『プリンキピア』の最初の確証が得られた。次に裏づけられたのは，ハリー彗星である

『プリンキピア』の第３編は，彗星にかなりの部分を割いている。とくにニュートンは，彗星のなかには閉じられた軌道を持つものがあり，それらの軌道は非常に細長いので，太陽に近い場所に来たときだけ測定が可能だと考えた。そしてそれらの彗星はつねに同じ時間をかけて１周するので，一定の間隔で戻ってくるはずだと推測したのである。

この推測を立証しようと，ハリーは1695年に，過去に行なわれた彗星の観測記録を集めた。少なくとも近い過去の記録があれば，彗星の軌道に関するいくつかの確かな要素が見つかるはずだった。そして観測に器具を使っていない時代までさかのぼれば，大彗星だけに調査対象をしぼることができた。

こうしてハリーは，1682年の彗星の軌道が1607年と1531年の彗星の軌道に良く似ていることを発見した。もしこれらが同じ彗星ならば，周期は75年か76年で，次に出現するの

は1757年か58年になると彼は予測した。

⇧『東方の三博士の礼拝』――聖書によると，「星」が東方の三博士をイエス・キリストが生まれた場所に導いた。これは彗星だったのか，新星だったのか。イタリアの画家ジョットによるこの絵画では，この「星」はあきらかに，1301年に出現して人びとに不安と驚嘆をもたらしたハリー彗星である。

ハリーとニュートンは，木星の引力によって彗星の速度が落ちると考えた

ハリーは1705年に，その彗星が「1758年末か1759年初頭」にふたたび出現すると予言した。その時期が近づくにつれて，人びとの期待は高まった。「ニュートン派の思想」と当時もまだよばれていたものが立証されるのを，ふたたび目撃できるのではないか，という期待である。

フランスでは，ニュートン派の科学者たちが，ハリーの計

ISTI MIRANT STELLA

HAROLD

въ четвертокъ февраля 16 дна 1744 году.
Изъ картагены уведомляютъ что декабря 28 дна по бтръ вничалъ 6 часу усмотре
лежитъ нанесколько миль отъ помянутаго города къ западу оно представляло с
рои распространялся къ востоку и произодилъ такую ясность что глаза едва
шим уборои на небо перерѣзание по воздуху настившись вдругъ разделился на 4 разныя от
третеи на востокъ, четвертои изападу и притомъ забавился такои же топои громъ что
после сего слышны былъ еще 4 другие такие воздухъ нокшие силны какъ первои и чрезъ все

彗星伝説

彗星だけが，空にあらわれるめずらしい光景ではない。左は，1743年にカルタヘナで観測された「空の現象」を題材とした版画。空には天体だけがあるのではなく，たえず変化する大気，ちり，もやがあり，光が分散し，拡散し，屈折し，光輪や斑点や弧や十字をつくっている。それらはたいていすぐに消え去るが，ときには長い時間残ることもある。そして空にあらわれるすべてのものは人びとを不安にさせ，空想によってそれらのものは潤色されるのである。

〔98・99頁〕彗星を指さす占星術師たち（バイユーのタピスリー）――1066年のハリー彗星が描かれている。ノルマンディー公ギヨームとイングランドのウェセックス伯ハロルドの戦いが行なわれていたときのことで，この彗星はあきらかに不幸を予告しているが，どちらの陣営の不幸をさしているのだろうか。

〔次頁〕本の挿絵「彗星の大旅行」

〔次々頁〕彗星を題材としたイラスト（左上・右上）と，百貨店の広告のイラスト「ボン・マルシェの上のハリー彗星」（下）

N° 6. — La jolie Comète ne connait plus rien depuis tantôt 75 ans, aussi la Ville de Paris s'empressera de lui montrer les *Grands Magasins du Bon Marché*, dont une visite incognito lui dévoilera les merveilles.

算に不正確なところがあることを気にかけていた。現在よりもすぐれた方法で同じ計算をやり直すほうが良いのではないかと彼らは考えていたのである。その筆頭がクレローだった。1745年から48年にかけて，彼は『イギリス書簡』の著者であるヴォルテールの愛人で庇護者でもあったシャトレー夫人と共に，『プリンキピア』のフランス語版を手がけた。このフランス語版の解説のなかで，クレローは1758年にこの彗星がふたたび姿をあらわすといっている。

そういうわけで，1757年にクレローがハリーの計算をやり直すことを決めたのは，驚くべきことではない。彼は複数の惑星の影響を考慮に入れた上で，8年前に別の計算をする際に考案したものに近い方法を使い，あらたに計算を行なった。

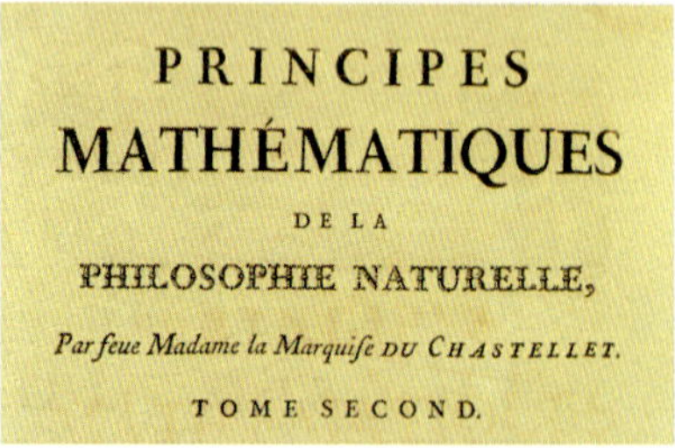

PRINCIPES
MATHÉMATIQUES
DE LA
PHILOSOPHIE NATURELLE,
Par feue Madame la Marquise DU CHASTELLET.
TOME SECOND.

⇧シャトレー侯爵夫人と同夫人が翻訳した『プリンキピア』の扉ページ――「こうして真理は／その力を証明するため／美しい顔立ちと／雄弁な気品を手に入れた」

シャトレー侯爵夫人に捧げられたこの4行詩は，1745年にニュートンの理論が「真理」と呼ばれていたことだけを告げているのではない。当時の人びとが，女性のなかに知性と美が共存できることをすでに知っていたという事実も示している。

助手のラランドによれば，クレローは「すさまじく長い」計算にとりくんだ。だが幸運にも，そこにはオルタンスがいた

オルタンス・ルポートはパリ天文台で働く数学者で，計算にすぐれた才能を持つ女性だった。彼女は天文学者ラランドと共に，クレローの計算を丸々半年かけて終わらせた。

また彼女の名前は，別のエピソードによって不滅のものとなっている。1761年にフランスの天文学者ル・ジャンティは，1世紀に2度，8年の間隔を置いて起きる金星の太陽面通過を観測するためインドへ出発した。

1761年の観測は，フランスとイギリスの戦争が勃発したことが原因でル・ジャンティのインド到着が遅れ，一足違いで失敗してしまう。そこでル・ジャンティは，1769年の観測までインドで待つことにした。彼は観測所を建て，現地の言葉

を覚え，インドの天文学を学んだ。観測日が近づいた1769年6月は,すばらしい天気が続いた。ところが肝心の観測時に,太陽が雲のうしろに隠れてしまったのである。

絶望したル・ジャンティは病気になり，連絡を絶った。彼は1771年に帰国したが，そのとき自分が法的に死亡したとみなされ，科学アカデミーからも除籍されていることを知った。そこで，財産をとりもどすための裁判を起こしたが負けてしまい，多額の裁判費用によって破産した。

ところで，彼はインドからヨーロッパではまだ知られていなかった花を持ちかえった。彼はその花をオルタンスに捧げ，

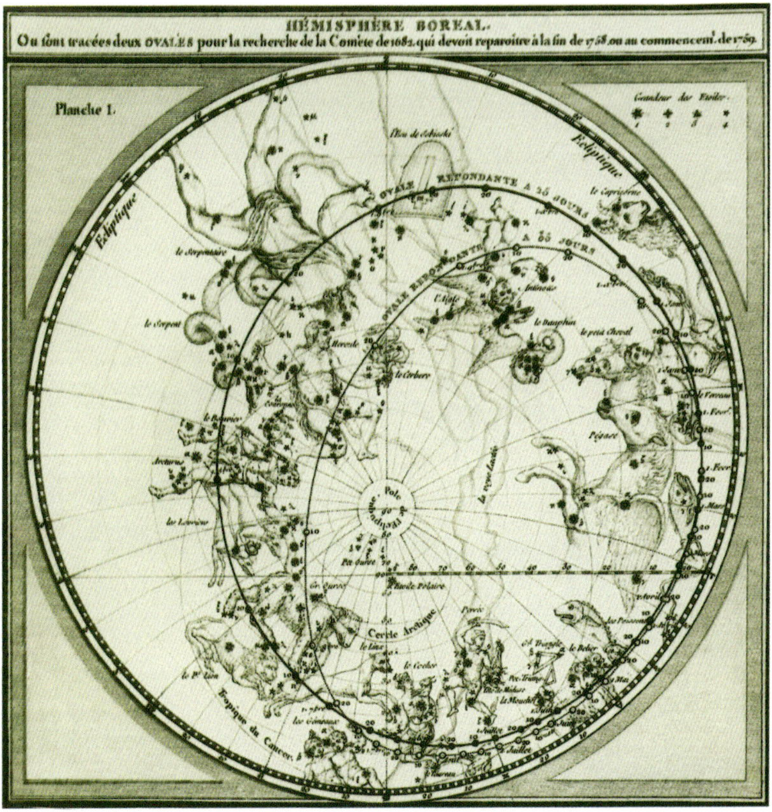

⇩メシエによる1682年の彗星の軌道が記された北半球の地図――フランスの天文学者シャルル・メシエは，星団と星雲の一覧表を作成したことで知られる。たとえばヘラクレス座球状星団は,「メシエ13」あるいは「M13」と呼ばれている。またアンドロメダ銀河は,「メシエ31」あるいは「M31」と呼ばれている。

「オルタンシア」と名づけた。アジサイのことである。

クレローは1759年４月に彗星がふたたび出現すると発表したが，実際には１ヵ月の誤差が生じた

より正確には，彼が予測した日は「近日点」，つまり軌道上で太陽にもっとも近づく位置を彗星が通過する日だった。

彗星はふたたびあらわれた。しかし近日点を通過したのは3月14日で，これはクレローが定めた誤差範囲ぎりぎりの日だった。一部の天文学者はクレローを称賛したが，それ以外の人びとは，ハリーが出した正確な数字とほとんど同じものを出すために，これほどの時間をかけて計算する必要などなかったと主張した。とくに，個人的な恨みを持つ人間が彼を批判した。たとえばクレローと仲が悪かった数学者ダランベールや，ラップランド調査隊では一緒に仕事をしたがのちにクレローのライバルとなったル・モニエなどである。

いずれにせよ，クレローの業績に疑問をいだく人はいても，ハリーの業績とニュートンの理論の正しさに異議をとなえる人はいなかった。フランスの天文学者ラカイユの提案によって，以後，この彗星はハリー彗星と呼ばれることになる。

ハリー彗星は，1835年，1910年，1986年にも姿を見せた。

ハリー彗星の通過

ハリー彗星が出現するたびに，観測方法や表現方法は進化していった。左頁上は，1835年の版画。左頁下は，1910年の写真。本頁下は，温度をあらわすために人工的に色がつけられた1986年の写真。

1986年には，彗星を至近距離から観測する計画が立てられた。ソ連の探査機ヴェガと欧州宇宙機関の探査機ジオットが，ハリー彗星に接近した。このときジオットは，彗星の核から数キロメートルのところを通過した。

☞オリオン大星雲――天空の描き方も進化していった。1774年にオリオン大星雲を描いたとき，ハーシェルはできるだけ接眼鏡に映ったままを表現した。それは不鮮明で，ぼやけていた。そのことから，星雲という名前はたんに銀河系内にある雲状のガスだけではなく，たとえばアンドロメダ大星雲（銀河）のように銀河系外に存在する不明瞭な部分のすべてをさすようになった（現在では，銀河系外星雲は銀河と呼ばれている）。

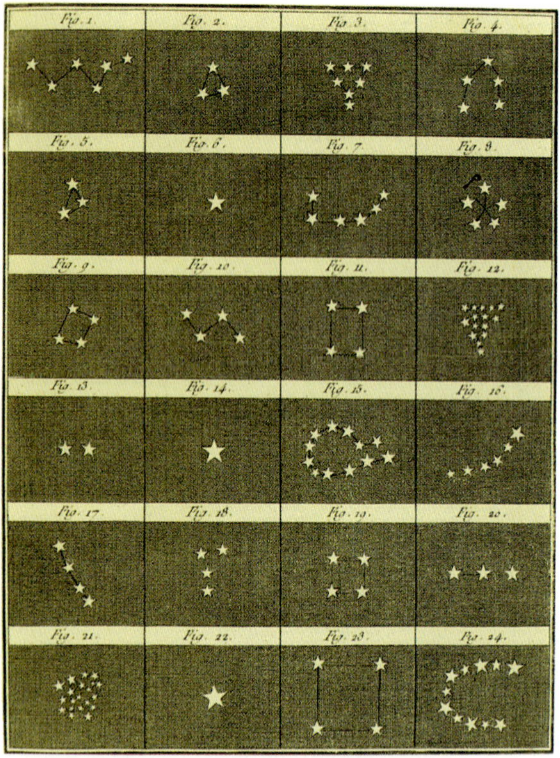

☞十二宮のなかに数えられる星座の一覧表――星雲とは対照的に，それぞれの星は明るさによってきちんと5段階にわけられている。

ハリーは1705年に，「もしこの彗星が，われわれの予言どおり1758年ころふたたび出現したら，後世の人びとは，この彗星を発見したのがひとりのイギリス人であったことを思いだすだろう」と書いているが，ラカイユのおかげで，このイギリス人がエドモンド・ハリーという名前であることが，人びとの記憶に刻まれたのである。

20年後，もうひとりのイギリス人が別の彗星，少なくとも彼が彗星だと思ったものを発見した

イギリスの天文学者ウィリアム・ハーシェルは，はじめはドイツ軍で，のちにイギリスの温泉地バースで，音楽家とし

⇦オリオン大星雲――19世紀末になると，天空に広がる星々をどのように描けばよいのか悩んでいた天文学者たちに，写真が救いの手をさしのべるようになった。というのも，小さな望遠鏡を通して観測していたガリレオでさえ，すでにオリオン座のなかに描ききれないほどのたくさんの星を見ていたからである。

オリオン座は銀河系に属していないが，この方向に銀河系の渦状構造，つまりかすかに輝く無数の星々がある。この写真に写っている範囲はハーシェルのデッサンより広く，左端近くで二重に輝いている部分がオリオン大星雲である。右端近くにはオリオン座の3つ星が見え，その一番上の星は別の星雲におおわれている。なかに含まれる星々によって光り輝くこれらの巨大な雲状のガスは，宇宙の変遷，とくに星の誕生を理解するために非常に重要な存在である。

て楽器を演奏したり，音楽を教えていた。一方，夜は天文学の研究に没頭し，晴れている日は夜空を観測し，曇っている日は反射望遠鏡の鏡を磨いた。

彼は，献身的に助手を務めた妹カロラインの協力を得て観測に打ちこみ，二重星や星雲の一覧表を作成した。彼の最初の重要な発見は，1774年のオリオン大星雲の発見である。

1781年３月13日に，ハーシェルは「彗星と思われる不明瞭な天体」を発見した。その天体は移動していることがわかったので，彼はこれが彗星だと確信し，４月26日に「彗星の報

告」と題された発表を王立協会で行なった。

ヨーロッパ中の天文学者が，この新しい彗星が描くはずの細長い楕円の軌道の計算を行なった。しかしそれらはすべて，徒労に終わった。数ヵ月後，事実が判明した。この星は太陽のまわりを，土星の軌道の２倍以上の大きさの円を描きながらまわっていたのである。つまり，これは惑星だった。

太陽には７番目の惑星があった。この発見の反響は，想像を絶するものだった

有史以前より，太陽には水星，金星，地球，火星，木星，土星の６つの惑星があるとされていた。それはわかりきったことであり，もしふたつめの月が発見されたとしても，新しい惑星が見つかったときほど大騒ぎをすることはなかったにちがいない。この新しい惑星を，フランス人は単純に発見者の

⇧1986年に「ヴォイジャー2号」が撮影した写真をもとに合成された天王星と衛星――ハーシェルの反射望遠鏡で小さくて不鮮明な斑点のように見えた天王星は，探査機「ヴォイジャー2号」が接近して撮影した写真でも，こまかい部分はほとんどわからない。それは，天王星が厚い大気層におおわれているからである。しかし衛星はどれも，非常にこまかい部分まで写っている。

〔右頁右上〕ウィリアム・ハーシェルの肖像
〔右頁右下〕ハーシェルの大望遠鏡

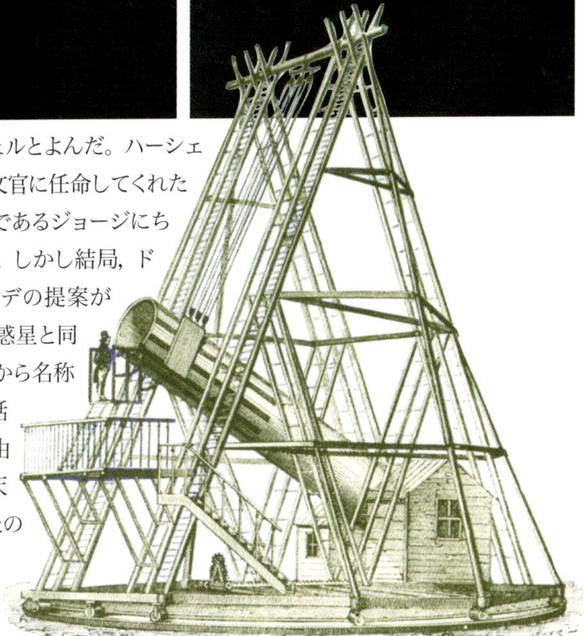

名前をとってハーシェルとよんだ。ハーシェルは，自分を王室天文官に任命してくれたイギリス国王の名前であるジョージにちなんだ名称をつけた。しかし結局，ドイツの天文学者ボーデの提案が採用された。ほかの惑星と同じく神話の神の名前から名称をとり，ギリシア神話の空の神ウラノスに由来する「ウラヌス」（天王星）と名づけられたのである。

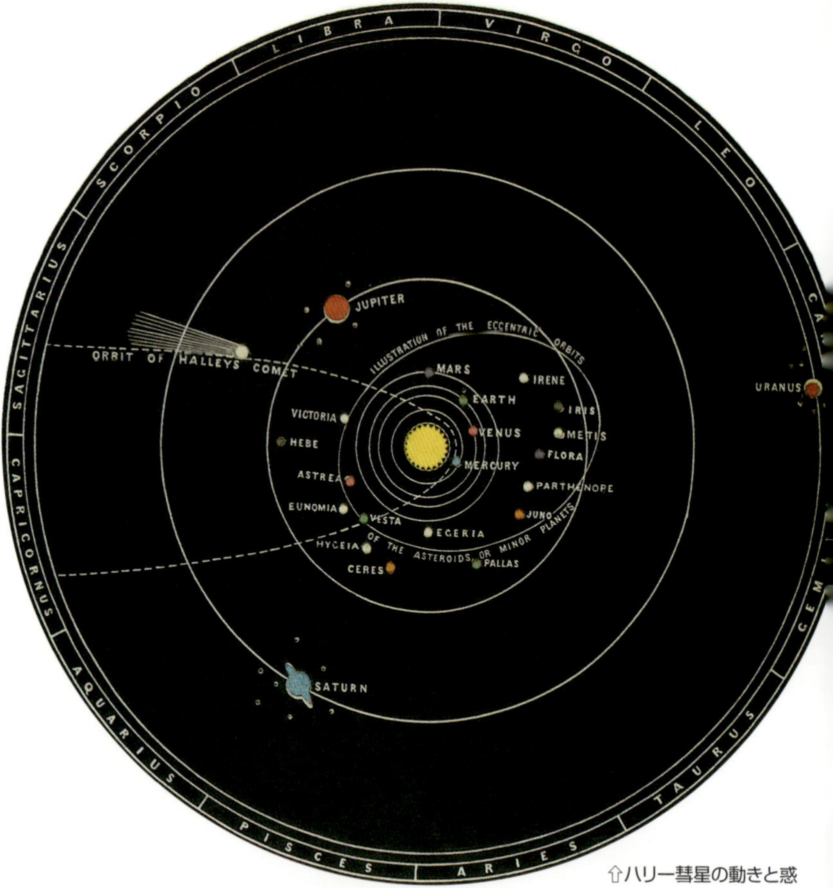

⇧ハリー彗星の動きと惑星の軌道を記した1835年の太陽系の地図――この地図ではすでに天王星という名称が使われているが，海王星はまだ存在していない。それでも，天王星の不規則な動きから，さらに遠いところに別の惑星がある可能性が推測されていた。

ヨーロッパではどこでも，天王星の話題でもちきりになった。たとえば，数年後に発見された新しい元素は，この惑星にちなんでウランと命名された。

天王星は，ニュートンの法則にほとんど従っていた。そしてこの「ほとんど」というのが，ニュートンの法則の完全なる勝利への第一歩となった

1821年に，すべての惑星の運動の一覧表が出版されたと

き，天王星の不規則な動きがあきらかになった。このとき，天王星は発見以来，軌道の半分しか動いていなかった。天王星が太陽のまわりを1周するには，84年が必要だった。実のところ，天王星には1690年までさかのぼる古い観測記録が残されていた。大勢の天文学者がハーシェル以前に天王星を観測していたが，彼らはそれを恒星だと思っていたのである。

そのため1821年の時点では，天王星には3つの異なる軌道が示されていたが，太陽の引力とほかの惑星の引力を考慮に入れても，それらはニュートンの法則に完全には従っていなかった。そこで1821年に出版された一覧表では，ハーシェルが天王星を発見する以前のデータを使うのはやめ，1781年以降に行なわれた観測結果にもとづく軌道が計算された。

その結果，1845年には，天王星はすでにこれらの一覧表から予測された弧の位置と，2分（30分の1度）ものずれが生じていることがわかった。つまり，一覧表が間違っているのか，ニュートンの法則に誤りがあるのか，あるいは天王星には太陽の引力とすでに知られている太陽系のほかの天体の引力のほかに，もっと遠くの知られていない別の惑星の引力が働いているかの，いずれかであることがあきらかになったのである。

すでにわかっている摂動（軌道がほかの天体の影響で変化すること）をもとに，ニュートンの法則を逆に適用して，未知の惑星を発見することは理論的に可能だった。しかしそのためには，気が遠くなるような計算が必要だった。

1845年，たがいに知らないまま，イギリス人アダムスとフランス人ル・ヴェリエが，新しい惑星をもたらすはずの途方もない計算にとりくんだ

計算は，1年近くにおよんだ。ル・ヴェリエより早く計算をはじめたアダムスは答を出すのも早く，その答が示す位置に未知の惑星があるかどうかを確かめてほしいと，何人かのイギリスの天文学者に頼んだ。

⇩ウルバン・ル・ヴェリエの肖像――ル・ヴェリエは理工科学校に入学してすぐの20歳のとき，はじめての天文学論文を発表した。1845年には天文学者アラゴのすすめで天王星の不規則な動きに興味を持ち，アラゴの死後はパリ天文台の台長に就任した。

しかしアダムスはまだ学生で，25歳になったばかりだった。そのため，彼から頼まれた天文学者たちは，アダムスの依頼を重く見ず，未知の惑星の観測をあとまわしにした。

一方，ル・ヴェリエはすでに有名な天文学者だった。彼は計算結果をベルリン天文台のガレに送り，ガレはすぐに観測を行なった。そしてその晩に，数日前に出版されたばかりの最新の地図に載っていない「星」を見つけたのである。

「位置をお知らせくださったその惑星は，たしかに存在します」

1864年9月末に，ル・ヴェリエはこうした答を受けとった。

この惑星が海王星である。ル・ヴェリエの発見が発表されると，イギリスの科学者たちは，アダムスが数週間前にほとんど同じ場所を示した事実を，落胆しながら受けいれた。

われわれにとっては，結局のところ，ル・ヴェリエが先でもアダムスが先でも，どちらでもかまわない。重要なのは，このふたりがほとんど同じ答を出したこと，そしてそこに未知の惑星が実際に発見されたことである。

もちろん，1864年には，ニュートンの法則が太陽系のメカニズムを支配していることに疑いをいだく人は誰もいなかった。それでも，ニュートンの法則によって未知の惑星の位置が割りだされ，たしかにその場所に惑星が発見されたことで，ニュートンの勝利は完全なものとなったのである。

1666年の「驚異の年（アヌス・ミラビリス）」から180年後の1846年に，ウールスソープのリンゴの木は見事な果実をもたらした。さらにその1世紀後には，太陽系探査機が新しい天体を発見した。木星と土星と天王星を観測した探査機「ヴォイジャー」は，1989年に海王星を通過した。「ガリレオ」と「カッシーニ＝ホイヘンス」は木星系と土星系の調査を行ない，新しい衛星を発見した。火星と水星は，2010年以降の調査が予定されている。

もちろんそれらの軌道は，驚異的なスピードを誇るスーパ

ー・コンピュータで計算されている。しかしその基盤となる法則は，いずれもニュートンの法則なのである。

⇧ジェット推進装置を使って宇宙遊泳する宇宙飛行士──探査機が惑星すれすれの場所を通るように，宇宙飛行士が軌道を漂うのは，ニュートンの引力の法則に従っているからである。宇宙飛行士の場合は地球の引力，探査機の場合は探査中の惑星の引力の影響を受ける。

〔次頁〕1986年のハリー彗星の衛星写真

資料篇

人類史上屈指の天才

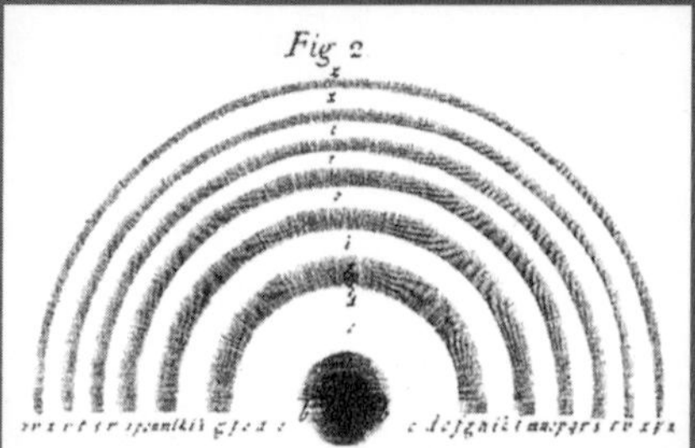

⇧ニュートン『光学』の図版

1 巨人たちの肩

1675年末に，ニュートンは新しい光の実験，とくに「ニュートン・リング（ニュートン環）」に関するかなり長い手紙を王立協会へ送った。そのとき，オルデンバーグのせいでニュートンとの関係が悪化したと思っていたフックは，個人的な文通をすることをニュートンに提案した。

このフックからの提案に，ニュートンは自分の研究がデカルトとフックに多くのものを負っていることを進んで認めた返事を書き送っている。その文中にあったのが，有名な「私がより遠くを見ることができたとしたら，それは巨人たちの肩の上に乗ったからなのです」という言葉だった。だが結局，その後ふたりのあいだで文通が始まることはなかった。

フックからニュートンへの手紙

ケンブリッジ，トリニティ・カレッジ
敬愛なる友人，アイザック・ニュートン氏へ　1676年1月20日
拝啓

先週行なわれた王立協会の会議で読まれたあなたのお手紙を拝聴して，あなたが私を誤解なさっているのではないかという考えが浮かびました。以前にも私は，この種の忌まわしいやり方の犠牲者となった経験があるので，ますますそう考えたのです。そこで失礼を顧みず，私は哲学〔現在の自然科学〕に関する問題を，自分自身の口であなたにお話しさせていただきたいと思います。私は言い争いや口論や公開論争には少しも賛成でなく，この種の対立に引きずりこまれることはまったく不本意なのです。また私は，それまで自分が正しいと思っていた概念や見解に反したり，相いれないものであっても，発見された事実は

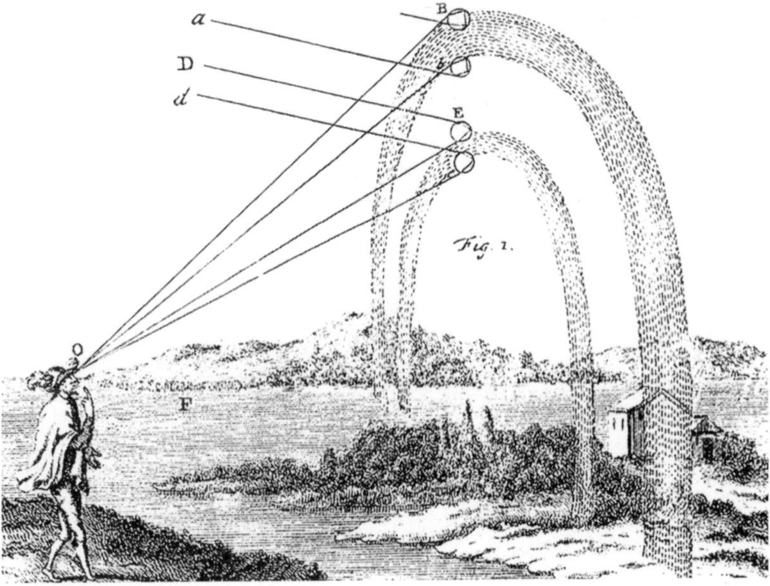

⇧虹の形成

進んで採用し，貪欲に探求するつもりです。さらに私は，あなたの証明を正当に評価していますし，私がはるか以前にとりかかりながらも研究を完成させる時間がなかった見解を，あなたが応用し，改良なさったことを非常にうれしく思います。私の意見では，この件であなたは私よりはるかに遠くまで行きました。あなたは，あなたの考察にこれ以上ふさわしい主題を見つけることはできなかったでしょうし，私が考えますに，この主題を研究する人物として，あなた以上に有能な人もいないはずです。私の未熟な研究を修正して完全なものとして仕上げるために必要なものをすべて，あなたはおもちなのですから。急を要する別の仕事が終われば，私自身がそれをなしとげたいと思いましたが，もしそうしていたとしても，あなたの能力には到底およばなかったことはあきらかです。

あなたの目的は，私の目的と同じく，真理の発見にあるものと推察します。ですから，われわれは共に，公然とした敵対心を示さないかぎり，反論を受け入れることができるはずです。そして，われわれは論理が実験から引きだすことのできる，この上なくはっきりした結論に従う準備もできているはずです。そういうわけで，もしあなたがこのような主題について個人的な文通をしたいとお考えなら，私は喜んでそうしたいと思います。あなたのすばらしい論

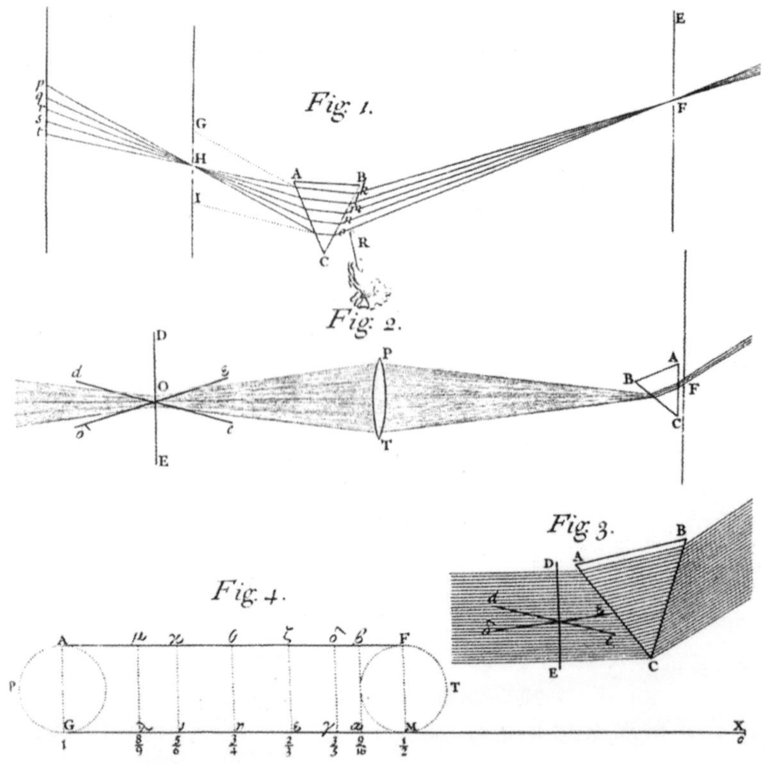

〔左右ページ〕光の屈折（『光学』所収）

文をゆっくり検討する機会に恵まれましたら（とても速く読まれたため，あまりはっきりとしたことがわかりませんでした），自分が恩知らずのように見えなければ，反論がある場合にはその反論を，そしてこちらのほうが可能性が高いですが，納得できた場合には同意の旨を書き送らせていただきます。このような形の議論のほうが，より哲学的だと思います。なぜなら，強固な信念をもつ競争相手であるふたりの人間の衝突は光を生みだす可能性がありますが，もしそれが他人によって動かされた場合，生じるものはやはり熱でも，それは火に油を注ぐためにしか役に立たないからです。

敬具

ロバート・フック

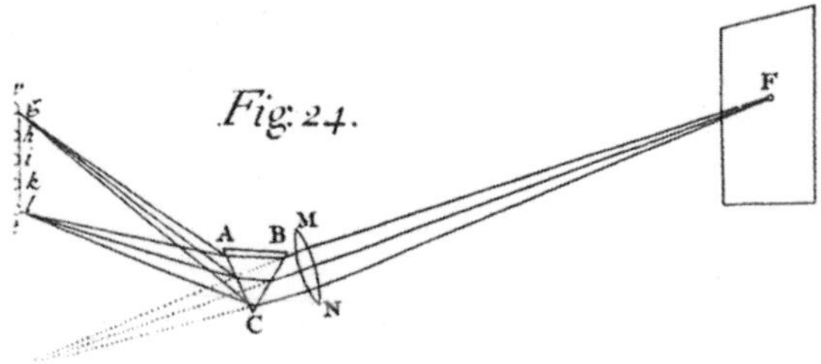

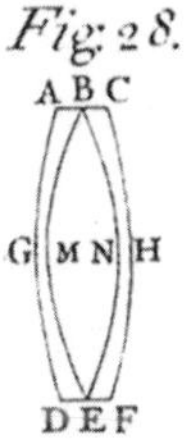

ニュートンの返信

ケンブリッジ，1676年2月5日

拝啓

お手紙を拝読しました。自由で寛大なお考えをうれしく感じております。あなたは，真の哲学的精神の持ち主にふさわしいふるまいをされたと思います。哲学に関しては，出版物による論争以上に私が危惧しているものはありませんので，個人的な文通をというご提案には，喜んで賛成いたします。大勢の人間の前で行なわれることには，たいてい真理への関心以外の動機があるものです。しかし，友人どうしのあいだでの私的なやりとりは論争というよりも討議ですし，われわれのあいだでもそうなることでしょう。

あなたのご指摘は大歓迎です。と申しますのは，いままで私はこの主題にうんざりしてきましたし，この主題に時間を割くことに喜びを見いだすようなこともなかったのですが（おそらく今後もずっと，ないとは思いますが），できるかぎり適切で確固とした反論があるならば，それは私の望むところだからです。そして，そのような反論を私に示してくださるのに，あなたより適した人を私は知りません。どうか，ぜひそうなさってください。また，私の論文のほかの部分で傲慢だと思われた箇所や，あなたに対して公正を欠く箇所があっても，こうした感情を個人的な文通でお伝えになりたいということであれば，哲学的作品を正義と友情のために身を引かせることができないほど，私が哲学的作品を好ん

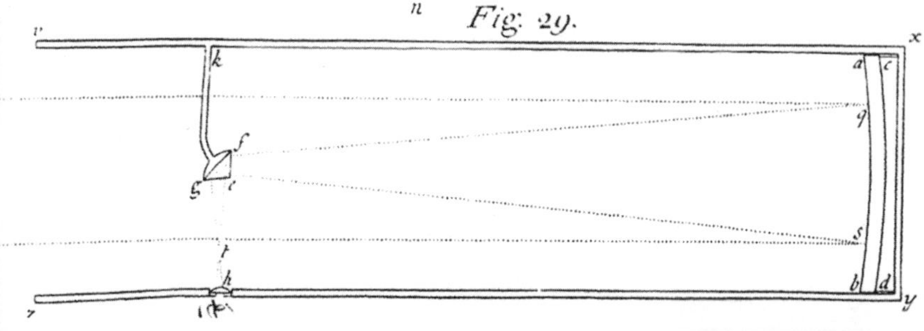

ではないということを，あなたが確認してくださることを望みます。

とはいえ，あなたは私の能力をあまりにも高く評価なさっています。デカルトの業績は，大きな一歩です。あなた自身，さまざまな方法で，とくに哲学的手法によって薄片の色を研究することで，そこに多くのものをつけ加えられました。私がより遠くを見ることができたとしたら，それは巨人たちの肩の上に乗ったからなのです。しかし私は，あなたがいままで発表されたもののほかに数々のきわめて重要な実験をなさっていて，そのうちのいくつかは，今回の私の論文のなかに出てくる実験とおそらく似ていることを疑ってはいません。あなたが行なった実験のうち，私が知っているものが少なくともふたつあります。斜めから見たときに色のついた環が拡張することと，泡の頂点と同じく凸状のガラスがふたつ接触したときに黒い点が出現することです。これ以外にも多くの実験をなさっているでしょうし，私が行なわなかった実験もかなりの数にのぼることでしょう。ですから，少なくとも私には，とくにあなたが厄介なことに巻きこまれていることを考慮に入れれば，あなたが私に対してなさるのと同じくらい，あなたに敬意を表するだけの理由があるのです。

しかし，このくらいで十分でしょう。あなたのお手紙は，ここでするようにあなたが提案してくださった，天頂を通る星の観測の件についておたずねする，ちょうど良い機会をあたえてくださいました。私はあなたに申しあげたよりも数日早く，ロンドンから戻ってまいりました。と申しますのは，ニューマーケットで友人と会わなければならないことが判明したからです。それで，ご指示をうかがうことができませんでした。出発の前日か前々日にお宅に寄らせていただきましたが，いらっしゃいませんでした。そこで，もしまだこの観測をしたほうがよろしければ，一言そうおっしゃっていただければと存じます。

アイザック・ニュートン

2ヴォルテールが見た，デカルトとニュートン

『イギリス書簡』の14番目の手紙で，ヴォルテールはデカルトとニュートンの生涯と名声について比較している。富も名声も獲得したニュートンに対し，デカルトの晩年はあまりにも寂しいものだった。ヴォルテールは，フランスを追われた自分を受けいれてくれたイギリスと，そのイギリスの国民的英雄であるニュートンに対し，称賛の念をもっていた。しかしその一方で，デカルトはもっと評価されるべきだとも考えていた。なぜなら，ニュートンがより遠くを見るために乗った「巨人たちの肩」とは，なによりもまずデカルトの肩だったとヴォルテールは考えていたからである。

デカルトとニュートンに関する14番目の手紙

デカルト体系の破壊者であるニュートンは，昨年，1727年の3月に亡くなった。彼は生前，同国人から敬われ，死後も臣下に善行をほどこした国王のように埋葬された。

ここイギリスでは，科学アカデミーでフォントネル氏が行なったニュートン氏に対する称賛演説が熱心に読まれ，英語にも翻訳された。イギリス人は，フォントネル氏の見解がイギリスの哲学（自然科学）の優越性を厳粛に宣言するものであることを期待していた。しかし，フォントネル氏がデカルトとニュートンを同等にあつかっていることを知ると，ロンドン王立協会の人びとはみな立ちあがり，この見解に同意するどころか，この演説を批判した。何人かは（彼らは一流の哲学者ではなかったが），デカルトがフランス人であるという理由だけで，そうした比較をすることに憤慨した。

このふたりの偉大なる人物が，品行においても，運命においても，哲学においても，非常に異なることは認めなければならない。

デカルトは活発で激しい想像力をもって生まれ，そのため私生活においても思考の方法においても，風変わりな人間となっていった。彼の想像力は哲学的著作のなかですら身を潜めていることができず，つねに巧妙で華々しい比較を見いだしていく。彼の気質は，彼自身をほとんど詩人に

つくりあげた。実際，彼はスウェーデン女王のために韻文による幕間の寸劇を書いている。もっとも，彼の名誉のため，それが印刷されることはなかったのだが。

デカルトはしばらくのあいだ軍隊に加わり，その後哲学者となったが，そうなったあとも，恋愛が自分にふさわしくない行為だなどとは思わなかった。彼は愛人とのあいだにフランシーヌという名前の娘をもうけたが，その子は若くして亡くなり，デカルトはその死を激しく嘆くことになった。このように，彼は人間としてのあらゆる経験をへたのである。

自由に思索をめぐらすためには，世間から，なかでも祖国から逃れることが必要だと，彼は長らく信じていた。それは実際正しかった。当時の人びとは彼の理解を助けることができるほどの知識をもっておらず，できることといえば，思索の邪魔をすることくらいだったからである。

彼は真理を求めてフランスを離れた。当時のフランスでは，くだらないスコラ哲学によって真理が迫害されていたからである。しかし彼が引きこもったオランダの大学でも，真理を見いだすことはできなかった。というのは，フランスでは彼の哲学の命題だけが非難されていたが，オランダではいわゆる哲学者たちによって，デカルト自身が攻撃されたからである。彼らはデカルトのことをたいして理解せず，その栄光をより間近に見て，いっそうデカルトという人物を憎むようになった。そこでデカルトは，ユトレヒトを去らなければならなかった。彼は無神論者であるとして非難されたが，それは中傷者たちの最後の手段だった。彼は明敏な精神のすべてを使って神の存在の新しい証拠を探したのに，デカルトは神の存在をまったく認めていないという，あらぬ疑いをかけられたのである。

これほどまでの迫害を受けるのも，デカルトに非常に多くの功績と輝かしい名声があったからだろう。彼は，その双方を手にしていた。スコラ哲学の闇や迷信的な民衆の偏見を突きぬけて，その理性はわずかばかり世のなかに姿を見せた。ついにはその名声がかなりの評判となったので，褒賞によって彼をフランスに呼び寄せようという声があがった。1000エキュの年金が，彼に提示された。彼はこれをあてにして帰国し，当時は売買されていた免許状の費用を支払ったが，年金が少しもおりないので，北オランダの孤独のなかで思索をめぐらす生活に戻った。同じころ，偉大なるガリレイは80歳で，地球の運動を証明したために異端審問所の牢獄のなかで苦しんでいた。

結局，デカルトは若くしてストックホルムで，不摂生が原因で，数人の学者と敵たちに見守られ，彼を嫌っていた医者の世話を受けて亡くなった。

一方，ニュートン勲爵士の生涯は，デカルトとはまったく異なるものだった。彼はずっと祖国で平穏に，幸福で尊敬された

85年の生涯を送った。

ニュートンが非常に幸福だったのは，生まれたのが自由な国だっただけではなく，生きた時代そのものが，理不尽なスコラ哲学が追いはらわれ，理性だけが養われた時代だったからだといえる。そのため社会は彼の学生であるしかなく，彼の敵とはならなかった。

デカルトとの特異な対照として，彼は長い生涯のあいだずっと，激しい恋情をいだくこともなく，誘惑に負けることもなかったことがあげられる。彼はどのような女性にも，決して近づかなかった。これは，彼が亡くなったときに世話をした内科医と外科医が，確かな事実だと教えてくれたことである。この点でニュートンを立派だと思ってもかまわないが，同じ問題でデカルトをとがめるべきではないだろう。

このふたりの哲学者に関するイギリスの世論は，デカルトは夢想家でニュートンは賢者だった，というものである。

ロンドンではデカルトを読む人などほとんどいないし，事実，彼の著作はなんの役にも立っていない。ニュートンを読む人もほとんどいないが，それは彼を理解するにはかなりの学問がなければならないからである。しかし，誰もがふたりのことを話題にしている。フランス人のほうはまったく認められず，イギリス人はすべての点で認められている。なかには，人びとが（略）空気に重さがあることを知ったのも，望遠鏡を使うようになったのも，ニュートンのおかげだと信じているものもいる。この地では，彼はいわば神話のなかのヘラクレスなのだ。無知な人びとはほかの英雄たちの行為もすべて，彼の行為とみなしてしまっている。

フォントネル氏の演説に対してロンドンでなされた批判のなかに，デカルトは偉大な幾何学者ではなかったというものがあった。このようにいう人びとは，自分たちの育ての親を攻撃しているという非難を受けても仕方がない。デカルトは，自分が幾何学を見いだした地点からそれを押しすすめた地点までの道を大きく切りひらいた。その点でニュートンは彼の後塵を拝している。

デカルトは，曲線を代数方程式であらわす方法を発見した最初の人物である。彼の幾何学は，いまではごく普通のものになっているが，彼の時代にはあまりにも奥深かったので，教授たちは誰もそれを解明しようなどとは思わなかった。それを理解できたのも，オランダのスホーテンとフランスのフェルマだけだった。

デカルトはこの幾何学と発明の才能を屈折光学のほうへ向け，屈折光学は彼の手でまったく新しい学問になった。たしかに彼はそこでいくつかまちがいを犯しているが，それは新しい土地を発見した人物が，一挙にその土地の特性を知ることなど不可能だからである。彼のあとからやってきて，これらの土地を肥沃にしたものたちは，少なくとも発見という恩義を彼に受けている。私は，デカルト氏のほかの仕事も，すべてまちがいだらけであることを否定しない。

幾何学はいわば彼自身が養成した案内人で，この案内人が彼をまちがいなく物理学へ導いていくはずだった。ところが彼は結局この案内人を見捨てて，教条主義的精神に身をゆだねてしまった。そのため，彼の哲学はもはや巧妙な小説，せいぜい無学な人間にとって本当らしく見える小説でしかなくなった。魂の本質，神の存在の証明，物質，運動の法則，光の本質について，彼は誤りを犯した。彼は生得観念を容認し，新しい基本要素をでっちあげ，ひとつの世界を創造し，彼流の人間をつくりあげた。デカルトのいう人間は，結局のところデカルトの人間でしかなく，本当の人間とはかなり異なっているといわれているが，それはまったく正しいのである。

彼は形而上学的あやまりを押しすすめ，2＋2＝4であるのは，神がそう望んだからだといいはるまでになった。しかしそうしたあやまりにおいても，彼を尊敬すべきだといっても決していいすぎではない。彼はまちがいを犯したが，それは少なくとも筋道が通っており，首尾一貫した精神にのっとっているからである。彼は2000年前から若者たちを心酔させてきた不条理な妄想を打破した。彼は当時の人びとに，

⇧ヴォルテールの肖像

論理的に思考し，彼に対抗するために彼の武器を使うことを教えた。彼は良貨で支払いはしなかったが，悪貨の流通を阻止するためにはおおいに貢献した。

実のところ，私はデカルトの哲学とニュートンの哲学を比較することは，できないと思っている。前者は小手先の技で，後者は傑作である。しかし，われわれに真理の道を教えてくれた人物は，その後その道の終着点に到着した人物とおそらく同じだけの価値がある。

デカルトは，目の見えない人びとに視力をあたえた。彼らは，古代人のあやまりと自分たちのあやまりに気づくことができた。彼が切りひらいた道は，彼以降，広大になった。（フランスの物理学者）ローの小冊子が，しばらくのあいだ全物理学を形成していた。こんにちでは，ヨーロッパのアカデミー紀要をすべて集めても，統一的理論の基礎にすらならない。この深淵を掘りさげていくと，際限がない。いまのところ問題なのは，ニュートン氏がこの深淵をどこまで掘りさげたのかを見ることである。

ヴォルテール
『イギリス書簡』

[3] ふたりの翻訳者：侯爵夫人と革命家

良く知られているように，ニュートンの『プリンキピア』をフランス語に翻訳したのは，ヴォルテールの愛人だったエミリー・デュ・シャトレー侯爵夫人である。彼女は，一般の女性が知識を得ることのできなかった時代に，たぐいまれな才能のきらめきをみせた女性だった。

一方，こちらはあまり知られていないが，ニュートンのもうひとつの主著『光学』をフランス語に翻訳したのは，フランスの革命指導者で「人民の友」とあだ名されたジャン＝ポール・マラーだった。彼は入浴中，シャルロット・コルデーによって暗殺されたが，この出来事は画家ダヴィッドの名作「マラーの死」によって歴史に記憶されている。

⇧ダヴィッド「マラーの死」

学者になりたかった男

ジャン＝ポール・マラーは1743年5月24日に，スイスのヌーシャテル郡ブードリで生まれた。（略）父は，スペイン出身のつつましい職人だった。ジャン＝ポール・マラーは，ヌーシャテルの中等学校で学業を開始し，1760年にフランスのボルドーで卸売商ポール・ネラックの子どもたちの家庭教師となり，1762年にパリへ出た。おそらく，このころ彼は医業を営むようになったものと思われる。3年後，マラーはロンドンへ赴き，ロンドンで医者としての生活を送ったが，彼がセントアンドルーズ大学で医学博士の資格をとったのは，10年後の1775年6月30日のことである。1776年に，彼はパリに戻った。（略）

パリでは，ローベスピーヌ侯爵夫人の病

床に呼ばれ，ほかの医者たちがサジを投げていた夫人の命を救ったことから，運が開けることになった。その功績に対しては，すぐにほうびがあたえられた。感謝の気持ちに満たされた侯爵夫人は，おそらくマラーを愛人にしたものと思われる。侯爵もまた彼に感謝し，彼をアルトワ伯の侍医に推薦した。（略）

こうして出世の階段をのぼったマラーだったが，科学アカデミーに，ニュートンを遠慮なく批判した論文である「色彩に関するニュートンの理論を改良するため，あるいはむしろ新しい理論を証明するために役だつ新しい実験」を出版させることには失敗している。

⇧シャトレー夫人『ニュートンの哲学の原理』の寓意的な口絵

ニュートンの実験に対する批判のなかで，（略）全般的にマラーは，それらの実験は純粋な観察というよりも，むしろ理論的な概念によってつくりだされたものであることを暗に強調している。（略）

「残念なことに，それ以上に奇妙なことに，ニュートンがつねに光の作用を観察するために選んだ視点は，現象の錯覚を彼に気づかせることができなかった」

1785年に，「アカデミーのいかさま」によって迫害されていると確信したマラーは，ニュートンの『光学』の新しい翻訳を，訳者名を出さずに出版した。この翻訳は，科学アカデミーによって認可された。つまり，マラーが自分は科学アカデミーから排斥されていると考えていたことは，まちがいでなかったと証明されたのである。

マラーの翻訳は，コストの翻訳（1720年に出版された標準訳）ほど「逐語訳」ではないが，ニュートンが書いた文章の内容は少しも改ざんされていない。コストと異なりマラーは，ときにはニュートンの原文を一語一語忠実に翻訳しなかったが，コストよりもすぐれた作品に仕上げたのである。

ミシェル・ブレ

「ニュートン光学に関する研究」

アイザック・ニュートン著，ジャン＝ポール・マラー訳，『光学』所収

非常に博識な男たちよりも学問があった女性

この翻訳は，フランスの非常に博識な男たちが本来なすべきもので，それ以外の人びとはこの翻訳から学ぶべきことがあるといった性質のものだが，驚いたことに，そしてフランスによって名誉なことに，それをひとりの女性が着手し，完成させたのである。彼女こそは，ガブリエル＝エミリー・デュ・ブルトゥイユ，シャトレー侯爵夫人である。(略)

女性が一般的な幾何学の知識をもっているだけでもたいしたことである。ところがこの不朽の著作は，入門書などではなく，ここに記されているのは卓越した真理なのである。シャトレー侯爵夫人が，ニュートンの切りひらいた道にかなり以前から分け入り，この偉大なる人物が教えてくれたものに精通している必要があったことを，われわれは十分に感じることができる。こうしてわれわれは，ふたつの驚くべき出来事を体験することになった。ひとつは，ニュートンがこの著作を書いたこと，そしてもうひとつは，ひとりの女性がその本を翻訳し，解明したことである。

それは，彼女が善良な精神によって，さまざまな方針や学説の敵対者となり，ニュートンに自分のすべてを捧げたからである。実際，ニュートンは統計的理論などひとつもつくらず，なにも仮定せず，もっとも卓越した幾何学や異論のない実験に基礎を置かない真理はなにひとつとして教えなかった。(略) ここで原則として示されているものは，事実，その名にふさわしいものである。それは，彼以前には知られていなかった自然の基本的な原動力で，これらを知らずに物理学者であると称することはもはや許されない。(略)

シャトレー夫人は，『プリンキピア』を翻訳し，そこに注釈を加えることで，二重の意味で後世に貢献した。『プリンキピア』が書かれたラテン語は，科学者なら誰でも理解できることは事実である。しかし，抽象的な物事を外国語で読むのは，つねに苦労がつきまとう。その上ラテン語には，古代人が使っていなかったため，数学や物理学の真理を説明する用語が存在しない。現代人は，これらの新しい思想を表現するために，新しい言葉をつくりださなければならなかった。それは科学書にとっては非常に不都合で，古代では知られていなかった表現をつけ加える必要がつねにあり，面倒を引きおこしかねない死語で科学書を書くことは，もはやほとんど苦痛でしかないことを認めなければならない。フランス語はヨーロッパの日常語で，これらの新しく不可欠な表現をすべて備えているため，世界中にこれらの新しい知識を広めるためにはラテン語よりもずっと適している。

ヴォルテール
『シャトレー侯爵夫人の歴史的賛辞』

④錬金術師ニュートン

「ニュートンは，理性の時代の最初の人ではなかった。彼は最後の魔術師であり，最後のバビロニア人であり，最後のシュメール人であり，1万年に満たない昔にわれわれの知的遺産を築きはじめた人びとと同じ目で，目に見える世界と知的世界を眺めることができた最後の偉大な人物だった」

ジョン・メイナード・ケインズ

科学者か魔術師か

ニュートンを「理性の父」とみなす一般的な意見に逆らって，このような見解を示したのは，有名なイギリスの大経済学者ジョン・メイナード・ケインズである。彼は1936年に，その50年前に科学的でないという理由でケンブリッジ大学が所有することを拒んだ，錬金術と神学に関するニュートンの原稿を競売で購入した。

なぜ，私はニュートンを魔術師とよぶのか。それは，彼が宇宙とそこに存在するすべてのものを謎とみなしていたからである。つまり，秘密団員に一種の宝探しをさせるよう神があらかじめ世界中に置いておいたいくつかのしるしや神秘的な手がかりに，純粋思考をあてはめて解読することのできる秘密とみなしていたからである。彼

⇧ニュートンの「錬金術的」なデッサン

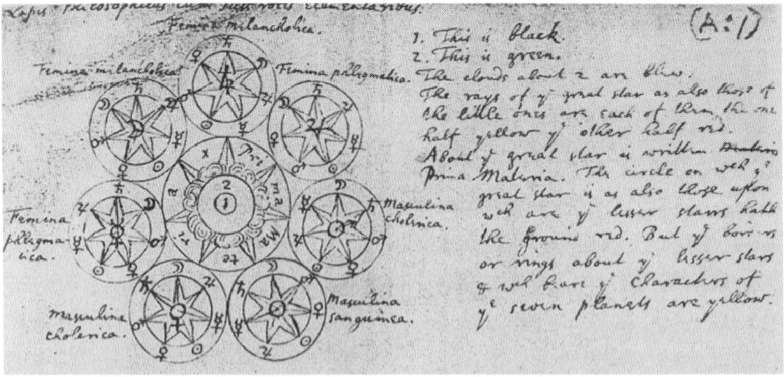

⇧賢者の石の図を写したニュートンのデッサン

は，これらの手がかりの一部を，天空が示すもののなかや元素の構造のなかに探るべきだと考えていた（そこから，彼は自然哲学の分野における実験者であるという誤ったイメージが生まれた）。

しかし，団員たちが絶やすことなく伝えてきた，古代バビロニアに起源をもつ秘密の啓示にまでさかのぼることのできるある種の文書や伝承のなかにも，手がかりの一部が見いだせるはずだと思っていた。彼にとって，宇宙は全能なる神がつくった暗号文だったのである。

ジョン・メイナード・ケインズ
ベティー・ジョー・T.ドブズ
『ニュートンの錬金術』からの引用

反逆者ニュートン

ケインズに知的権威があったからこそ（彼が科学史家でも物理学者でもなかったことは，おぼえておく必要があるが），体制派の科学者たちがそれまで耳をふさいできたニュートンの業績の隠された部分が，重大なものとしてクローズアップされた。こんにちでは，ニュートンの錬金術に関する業績と「科学的」な業績とは無縁どころか，切りはなすことができないものとみなされている。信頼の置けるニュートンの伝記作者であるリチャード・ウェストフォールは，「反逆」というテーマで次のように書いている。

ニュートンが錬金術に関心をもったのは，機械論的思考が自然哲学を追いこんだ限界に対する，反逆の表明だったと見る必要があると思う。彼の全生涯が真理の探究に向けられていたとすれば，この初恋がいつまでも彼を満足させたと考えることはできない。機械論哲学は，おそらくあまりにも簡単に彼の欲望に負けた。満たされなかった彼は探求をつづけ，錬金術と錬金術に結びついた哲学のなかに，決して完全には身を任せそうにない，とてつもなく巧妙な新しい愛人を見いだした。ほかのものたちにはうんざりしてしまうのに，彼女だけにはますますのめりこんでいった。ニュートンは30年以上も，彼女を熱心に口説きつづけた。

「反逆」という言葉はあまりにも強すぎるため，部分的な反逆といったほうが適切かもしれない。ニュートンは，初恋をすっかり捨て去ってしまうことはなかった。彼は，機械論哲学者であることを完全にやめることはなかった。運動する物質粒子が物質的現実を形成していることを，つねに信じていた。しかし，厳格な立場をとる機械論哲学者たちが，現実は運動する物質粒子だけで構成されていると主張したのに対し，ニュートンは非常に早い時期から，そうした考えでは自然界の現実を包括し説明するためには制限がありすぎると思っていた。錬金術は，彼の知的道のりのなかで重要な役割をはたした。それは彼に新しい観点を，あまりにも狭い機械論的発想を補完する考えをあたえてくれたのである。

リチャード・S.ウェストフォール
『アイザック・ニュートン』

[5]フォントネルによるニュートンの肖像

ニュートンは，1699年にフランスの科学アカデミーの外国人会員に選ばれていた。そのため1727年に彼が亡くなったとき，科学アカデミーの事務局長ベルナール・ル・ボヴィエ・ド・フォントネルは，正式な追悼演説でその生前の業績をたたえる必要があった。生い立ちについて手短に触れたあと，フォントネルはニュートンの研究に関し，重力よりも光学に重点をおいて，かなり詳しくのべている。彼は演説を，一種典型的なニュートンの肉体的・精神的肖像でしめくくった。それはかなり意地悪い見方で，故意にかどうかはわからないが，どこか皮肉めいた空気が漂っている。

彼（ニュートン）は中肉中背で，晩年は少し太り気味だったが，目は非常に生き生きとしていて，かなり鋭かった。感じが良い外見の持ち主であると同時に，堂々たる容貌をしており，とくにかつらをとり，真っ白で豊かな髪を見せたときはそうだった。彼は一度も眼鏡を使ったことがなく，生涯で１本も歯を失わなかった。こうしたささいなことをのべる必要があるのは，彼が非常な名声を得ていたためである。

彼は生まれつき温和な性格で，静けさを愛していた。彼はその精神と科学があまりに大きな反対意見を呼び起こし，平穏な人生をかき乱されるより，世に埋もれたままでありたいと思ったことだろう。『書簡集』に収められている手紙から，彼は光学論の印刷の準備を進めていたが，あまりにも多くの反論が起こったため，時期尚早であるとしてこの計画を断念したことがわかる。

「軽率にも，心の安らぎと同じくらい現実のものを失い，幻影を手に入れようとしたことで，私は自分をとがめている」と彼はのべている。しかしのちに彼は，この幻影を手に入れた。あれほど大切だと思っていた心の安らぎを失うことなく，彼は幻影をも，心の安らぎと同じくらい現実のものとしたのである。

温和な性格は，当然のことながら謙虚さをともなっていた。彼はつねに控えめな態度をくずさなかったが，その控えめさのために誰もが彼から遠ざけられた。彼は自

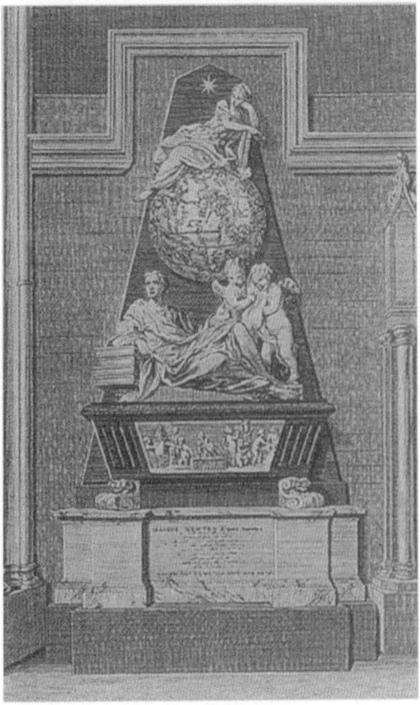

⇧ウェストミンスター寺院内のニュートンの墓と記念碑——建築家ウィリアム・ケントが設計し，ジョン・マイケル・レースブラックが彫ったもの。

分自身のことについても，他人のことについても，決して話さなかった。彼はこの上なく意地の悪い人びとに，ほんのわずかな虚栄心も見抜かせることはなかった。実際，彼が才能をひけらかすことができるよう，誰もがかなりの気配りをした。しかし，どれほど多くの人間が進んで気を配りつづけても，彼は誰のこともなかなかあてにしようとはしなかっただろう！　いままで，たいていの場合拍手喝采された何人の偉大な人物が，彼らの歌声と賛辞をごたまぜにすることで，コンサートを台無しにしてしまったことか！

彼は素朴で愛想が良く，つねにすべての人びとと同じ高さにいた。すぐれた人間さえも軽蔑する人がいる一方で，彼は第一級の天才であるにもかかわらず，自分より劣った人間を少しも軽蔑しなかった。彼は自分の功績や名声によって，人生の通常の交流におけるどのような義務も免除されているとは思っていなかった。彼は奇抜な行動も，本性も，気取りもなかった。そうすべきだったときから，彼は自分が普通の人間でしかないことを知っていたのである。

彼はイギリス国教会に愛着をいだいていたが，イギリス国教会の信者でない人びとを改宗させるために，迫害するようなことはしなかった。彼は人びとを品行によって判断し，社会慣習に順応しない人間を堕落した悪人だと考えていた。しかし，自然宗教に満足していたわけではなく，彼は天啓を信じていた。つねに手にしていたありとあらゆる種類の本のなかで，彼が一番熱心に読んでいたのは聖書である。

莫大な世襲財産とみずからの仕事，そして思慮深く簡素な生活によって裕福さの度合いを高めていた彼は，人のためになる能力を無駄に授かっていたわけではなかった。彼は遺言によってあたえることが，あたえられることだとは信じていなかった。そういうわけで，彼は遺言などまったく残さず，身内のものや必要だと思われる人びとに対して，そのたびに気前良くほどこしをした。さまざまな形で彼が行なった善行は，数も多く，規模も大きかった。慈善のいろいろな場面で費用や道具が必要になったとき，彼は少しも未練がましくなく慈愛に満ちていてすばらしかった。それ以外では，豊かさは小人物の前でだけ大きいものであるかのように，彼はすべてを厳しく切りつめ本当に必要なものにしか金銭を使わなかった。それはたしかに，熟慮に慣れ，論理に育まれ，それと同時に無意味な豪華さを好む人の，感嘆すべき行為だったのかもしれない。

彼は一度も結婚したことがなく，おそらくは結婚を考える暇もなかった。働き盛りのころはたえず研究に深くのめりこみ，その後は重要な責務を負い，どう考えても彼の人生には空隙がなく，家庭も必要なかった。

彼は3万2000ポンドの動産を残したが，これはわが国の通貨で70万リーヴルに相当する。彼のライバルだったライプニッツも，ニュートンほどではなかったが裕福なまま亡くなり，遺留分はかなりの額だった。ふたりとも外国人だが，こうした例はめずらしく，われわれは当然彼らを忘れることなどないだろう。

フォントネル

6ニュートンの記念堂

「幾何学的都市」のなかで，ジャン・スタロバンスキーは，1784年にエティエンヌ・ルイ・ブーレが設計した，建築史上もっとも見事な建築案のひとつについて分析している。

「ニュートンの記念堂」と題されたこの案は，結局実現することはなかった。しかしこれは，幾何学は理性の言語であることを人類（とくに建築家たち）に教えた人物に対する敬意を，建築という形で理想的に表現した計画だった。

幾何学は，象徴の世界における理性の言語である。

それは，点や線や一定の割合のレベルにあるそのはじまり——原理——において，ありとあらゆる形をとる。そのため，余分なものや不規則な部分は，悪の闖入のように見える。理想の都市の人びとは，不必要なものを望まない。（略）

以上が，空想的な作家や机上の改革者が，おおよそのところ満足している都市計画や建築である。では，建築家はどうなのか。専門家はどうなのか。彼らのなかにも，建築案やときには実際につくられた建築物で，この同じ幾何学への回帰を行なう人びとがいる。彼らの壮大な着想は，われわれの目には非現実的に見えるが，彼らは気まぐれに空想することをみずからに禁じている。彼らを興奮させるのは，単純さ，偉大さ，純粋な趣味である。夢や想像力は，細部の工夫を増やすよりはむしろ，減らし，消す傾向がある。（略）

ルドゥー（18世紀の建築家で，おもな作品に王立製塩工場がある）は，こう書くことになる。「円と正方形が，最良の作品の構成に使われるアルファベットである」（略）

光と陰

しかしこの単純さにとりつかれた建築に，単純化されたイメージをあたえることはやめよう。（略）

⇧ドレピーヌによるニュートンの記念堂の設計図

ニュートンの記念堂案で，ブーレは巨大な球の中心に太陽の図像を配置している。建造物全体が，光り輝く原理の中心性，光線の魅力に従わなければならない。しかしこのブーレは，「不変性」を表現したいと思い，エジプト人のピラミッドや地下埋葬室に張りあおうとしている。その計画案のなかで，彼は「埋没した建築物」と「陰の建築物」の条件を明示している。同時代人の心を引きつける悲しみをかきたてるため，彼は「自然のなかに存在するもっとも陰鬱なもの」を手本とすることになる。すべては，光の面と陰の面を厳格に区分するどっしりした建物のまっすぐな辺が，光の偉業と陰の可能性に少なくとも同じ程度の注意を向けるようブーレにうながしているかのように見える。(略)

幾何学的建築の新しい精神では，対立が支配する。理性によってデザインされた形の絶対的な厳密さは，同質の陰のマッスを生みだす。その量感には，直線的なデッサンの支配と決意によって夜が閉じこめられている。しかし，――このように解放され，浄化され，凝縮された――陰は，分

⇩18世紀に建築家ブーレが設計した空想的なニュートンの記念堂

離して別の王国をつくるかもしれないことを，人びとは予感している。

原理にさかのぼる

多くの同時代人にとって，原理（ニュートンの大著『自然哲学の数学的原理』）に頼ることが新しい時代の手がかりである。厳密な知識とこの知識に基礎を置く行動が，すでに過去のものとなった空想と発明と芸術の開花の時代にとってかわる。(略)

ここで，(革命期の第3身分代表者）ラボー・サン＝テティエンヌのきわめて特徴的な言葉を少しだけ引用しておこう。

「哲学の世紀が科学の世紀に必然的につづくのは，人間の精神の歩みにそった現象である。人は自然を模倣することからはじめ，自然を研究することで終わる。人はまず事物を観察し，それからその原因や原理を探求する」

ジャン・スタロバンスキー

『フランス革命と芸術　1789年，理性の標章』

7 ニュートンと詩人たち

ニュートンはそれまでの誰よりもすばやく，詩人たちによって作品にされた。彼らは遠慮なくニュートンを自然と同一視し，神と同等の存在にすることさえあった。だが，こうした過分ともいえる栄誉は，当然のことながら19世紀になると行きすぎた不名誉と見なされるようになった。ロマン主義の詩のなかでのニュートンは，夢をこわし，虹を分解し，想像力を干あがらせ，感情と神秘を理性の法則に置きかえた「哲学者」として描かれている。

自然と自然の法則は，闇のなかに隠されていた。
神はいわれた。ニュートンあれ。
すると，すべてが光になった。

アレキサンダー・ポープ

至高の神の腹心たち，永遠の物質，
彼らの火で燃やし,あなたたちの翼でおおう,
あなたたちのあいだに据えられた支配者の王座を。
さあ。偉大なるニュートンを，あなたたちは少しもねたまなかったのか。
海は彼の声を聞く。私は，湿った世界が空に向かってそびえ，引き寄せられて進むのを見る。
しかし，中心の力はその努力を押しとどめる。
海は落ち，くぼみ，岸に向かって流れる。
人びとは，雷と同じように彗星を恐れる。
地上の人間を，おびえさせるのはやめよ。
巨大な楕円のなかで運行するのをやめよ。
ふたたびのぼり，日々の天体のそばにおりよ。
光を放ち，飛び，たえずあらわれよ。
疲れはてた人びとから，老いを回復させよ。
そしておまえ，太陽の妹よ，天空のなかの天体。
目がくらんだ賢者たちは，衰弱した目を誤らせた。
おまえの道をたどるニュートンには，限界がなかった。
歩め，夜の闇を照らせ，おまえの限界は定

められている。
（略）
神が語り，神の声で混沌が一掃される。
すべての重力が同時に，普遍的な中心に向かう。
これほどまでに強い原動力，自然の魂が，
暗い夜のなかに隠されていた。
ニュートンの羅針盤は宇宙を測り，
ついにはその大きなヴェールを持ちあげて，
天空が開け放たれた……。

ヴォルテール
『書簡体詩51』（抜粋）

そして哲学者に関しては，
厄介なハマムギと執念深いアザミが，こめかみに戦争をもたらす。
あらゆる夢が冷たい哲学に触れただけで，
こわれてしまったのではないか。
われわれはかつて，天空の虹を崇拝していた。
いまやわれわれは，その骨組み，その構成について知っている。
それは，普通のものの目録のなかで，ありきたりに示されている。
哲学は天使の翼をもぎ，
定規と線を使って神秘を奪い，
幽霊が出る雰囲気を追いはらい，
地の精が住んでいる鉱山を排除するだろう。
それは，虹の詩趣をそいでしまうだろう。

ジョン・キーツ「レイミア」
『詩と詩情』所収

しかし，これらの太陽は燃えるような中心に置かれ，
それぞれの世界の王は中心のまわりを回転し，
彼ら自身は少しもひとつの場所にとどまら

⇩詩人ウィリアム・ブレイクの版画『ニュートン』

ない。
彼らは自分の世界と共に，空間のなかに連れ去られる。
彼らは自分自身で歩む。
抗いがたい重荷。
抵抗できない法則に束縛された曲線……。

アンドレ・シェニエ
『エルメス』(抜粋)

リンゴが落ちるのを見たニュートンは，
物質とその法則を理解した。
ああ，いつの日か，人間の魂にとっての
ニュートンのような人物があらわれるのだろうか。

彼は無限の青のなか，
重さがぶらさがる中央にいるので，
すべての魂はただひとつの中央，
彼らの神に向かう。

（略）誰がこの宇宙と，宇宙を導く強烈な魅力を探るだろうか。
さあ，ああ，人間の魂のニュートンと，
天空のすべてが開け放たれるだろう。

シュリ・プリュドンム「魂の世界」
『詩』所収

8 ハーシェルのもとを訪れる

フランスの博物学者であり地質学者であり，熱気球と気球の積極的な促進者でもあったフォジャ・ド・サン＝フォンは，ハーシェルが天王星（当時はまだ「ハーシェル」とよばれていた）を発見した3年後の1784年に，彼のもとを訪れた。彼が残した日記によって，偉大なる天文学者ハーシェルと彼のすばらしい妹の姿と，フランス革命の5年前にフランスからやってきた人間が途中で立ち寄ったロンドンに対していだいた印象を知ることができる。

グリニッジ天文台の訪問

（1784年）8月13日金曜日，私は午前中ほとんどずっと手紙を書いたり，博物学で得られたものを整理することで忙しかった。1時に，私はアンドレアーニ伯爵とソーントン氏と一緒に馬車に乗り，われわれの住まいから8マイル離れた，ハワード・ストリートにある王立天文台へ向かった。この4輪馬車の費用は，19ポンドだった。

この天文台には，王立協会のメンバーが大勢集まっていた。彼らは国王から委託されて，見学に来ていたのだった。なぜなら，ロンドンでは航海術との関連で天文学が一番の崇拝の対象となっていたからである。

この天文台はきわめてすばらしい場所にあって，かなり高い丘の上に位置しており，テムズ川とロンドンの大部分を見おろしていた。川をすっかりおおいつくしてしまうほどたくさんの船，教会の鐘楼にまぎれる帆柱，テムズ川に架かる3つの大きな橋，セント＝ポール教会の眺め，無数の鐘楼やありとあらゆる種類の建造物が，途方もなく見事な光景をつくりだしていた。

天文台の建物は簡素で，少しも豪華ではなく，複雑な構造でもなく，レンガでできていた。しかし，器具が置かれている部分にはまったく不備がなく，大きくて，正確で，変化に富んでいた。これらの器具のすべてが，大きな部分をしめていた。

マスクライン氏が親切にも，われわれに

すべてのものを見せてくれ，細心の注意を払ってすべての説明をしてくれた。オベール氏とサンクス氏が，反射望遠鏡と天文学的発見で有名なあのハーシェル氏に紹介してくれた。ハーシェル氏は，天文台見学委員のひとりだった。私は，感じが良くて博識なハーシェル氏にすっかり満足した。彼は私が彼の天文台に行き，日曜日から月曜日にかけての夜にそこで空の観測をすることを非常に望んでいた。

われわれは4時に天文台の近くにある例の仕出し屋へ夕食に出かけ，イギリスふうの食事をたっぷりとった。私はキャヴェンディッシュ氏とブラグデン氏の隣に座り，食事はきわめて楽しく，みな7時までいて，そのあと紅茶とコーヒーを出す部屋に移ったが，コーヒーはまずかった。マスクライン氏が食事前に祈りをとなえ，テーブルを立つ前にももう一度祈りをした。このふたつの祈りは，1分にも満たなかった。こうした祈りは，みなで食事するときの習慣だという。

8月14日土曜日には，すぐれた解剖学者であるシェルデン氏とガーディナー少佐の指揮下でつくられた気球を見に行った。この熱気球は，ほとんど防水布に似たニスを塗った布でできていて，最初に生地見本を見たときに私は反対したのだが，直径56ピエの球状の気球を見ると，それほどとがめだてをする気分にはならなかった。テストでは非常に良くふくらんでいたが，良く考えた結果，もっと大きくすることにした。80ピエまでにして，実験は金曜日に行なうことになった。

自宅のウィリアム・ハーシェル氏

ハーシェル氏の天文台は，ロンドンから20マイル離れた田舎の別荘内にあって，私はアンドレアーニ伯爵とソーントン氏と一緒に，夜の10時に到着した。

われわれは，庭で観測に従事しているハーシェル氏と，客間でフラムスティードの星図の前にいる彼の妹を発見した。彼女のそばには振り子と針のついた文字盤があって，兄の反射望遠鏡とひもを通じて通信しながら，彼女はその観測結果を書きとめていた。理論科学に専心する兄妹の高い知性，おたがいのこまやかな心づかい，ふたりの活力，仕事に対するねばり強さ，毎晩続けての観測は，非常にめずらしい例で，私はそうしたものの証人となったことを生涯誇らしく思うだろう。

ハーシェル氏の天文台は，彼の田舎の別荘のように瀟洒ではなかった。彼は土台を堅固にして，どのような動きも立派な道具をぐらつかせることのないようにするほうを，選んだのである。天文台は庭のなかにあった。そこには，決して忘れることのできない反射望遠鏡，7番目の惑星を発見した反射望遠鏡を見ることができる。その惑星にハーシェル氏はイギリス国王の名前をつけたが，ヨーロッパのすべての科学者たちは全員一致でそれをハーシェル2世という不滅の名称に変更した。

私が2時間観測し，色のついた星を見る喜びを得たこの反射望遠鏡は，長さが7ピエで直径が6プス半である。ハーシェル氏は私に，これを最終的に完成させる前に，みずから200枚の鏡を鋳造し，磨いたといった。

この反射望遠鏡と対をなすものとして，長さが10ピエのものがある。また，長さ20ピエの反射望遠鏡がふたつあって，そのうちのひとつは直径がイギリスの単位で18と4分の3プスである。この最後の反射望遠鏡の鏡は，150リーヴルの重さがある。この巨大な機械は，単純で簡単な構造によって組みたてられていて，子どもでもひとりで自在に動かすことができる。戸外のこの天文台ほど，すばらしいものはない。たとえば，星雲あるいは最新の大きさの恒星をハーシェル氏が探すとき，彼は庭から妹をよぶ。彼女はすぐに窓辺へ来て，手書きの大きな一覧表を見ながら，ガンマ星の近く，とか，オリオン座のほう，とか，オリオン座のなか，とか叫ぶ。実際，このような連携と単純な方法以上に，感動的で好感がもてるものはない。

9 ラップランドでの日々

ウーティエ神父は，地球の形状を調査するために組織されたモーペルテュイの調査隊の地図作成者でデッサン画家だったが，それだけではなかった。帰国後すぐに出版された彼の『1736年と1737年の北方への旅日誌』によって，われわれは調査隊の日常生活や作業に関する詳細の数々を知ることができる。

以下のふたつの抜粋は，1737年春に行なわれた観測に際しての，職人的な気配りを良く示している。

1736年と1737年の北方への旅日誌

王立科学アカデミーの通信員，ブザンソン司教区の司祭ウーティエ氏による。

ド・モーペルテュイ氏は，なによりもまずペロから帰ったあと，暑さや寒さによって木製の測定器が伸び縮みすることについての観察を再開した。

復活祭の週に，われわれは磁針の偏角を測定し，5度5分であることがわかった。ストックホルムに到着する前，バルト海の上でもほとんど同じ数字が出ていた。

5月24日に確認された子午線の方角

10時10分に，太陽が完全に沈んだ。われわれは，スウェンツァー島の一番高い場所にいた。その場所で四分儀を使って，太陽と地平線，太陽とカカマの標識の角

⇩子午線の弧の天文学的測定

度を測った。それと同時に，そこからほど近い場所，家畜や飼い葉の役にしか立たず，人の住んでいない家のなかに置いておいた振り子で，秒数を計らせた。すばらしく天気の良い夜だった。翌朝，われわれはその場所に戻って，地平線からのぼってくる太陽と同じ標識の角度を測った。こうした測定によって得られた，子午線に対する三角形の連続の方角は，ペロで得られた方角と数分異なった。はじめは驚いた。しかしすぐに，キッティスとトルネオが同じ子午線上にないのだと思いいたった。そこで，われわれはその差を出さなければならなかった。それは，われわれがいる国において，このふたつの子午線はあきらかに一致して北極へ向かっているからである。すぐにクレロー氏がふたつの子午線が一致するはずの位置を計算した結果，キッティスとトルネオで得られた三角形の方角には，1度あたり2分の1分の誤差があったことがわかった。

極圏における緯度1度に対する子午線の長さ

子午線の弧の幅をより正確に出すためには，3つの補正を行なわなければならない。ひとつ目は，恒星の少なくとも見かけ上の固有の運動によるものである。ふたつ目は，光の連続した動きによって引きおこされる恒星の光行差によるものである。3つ目は，5と2分の1度ずつの目盛縁がついた弧が，3と4分の3秒も短すぎるからである。グラアム氏が，この目盛縁は短すぎることに気づいて，ド・モーペルテュイ氏に知らせた。5月の3日，4日，5日，6日と，われわれは測角器を使って，ひとつひとつ確認する作業を続けた。

カミュ氏が，自分が住んでいた家の部屋に測角器を水平に置いた。われわれは，氷のなかに打ちこまれた2本の太い杭でしるしがつけられた，ふたつの鉱山のあいだの水平角を測定した。ふたつの鉱山は，36トワズ3ピエ6プス6と3分の2リーニュ離れていて接線をなし，その半径は2度測定された基線で，380トワズ1ピエ3プス0リーニュだった。われわれは各人がそれぞれ，この角度を測定した。もっとも異なる測定結果でも，その差は2秒もなかった。中間をとっても，ふたつの鉱山のあいだの角度は5度30分7と10分の3秒だった。

目盛縁がついた弧の全体を検証するこの測定を行なうため，カミュ氏は1本の糸を張り，目盛縁すれすれにのばしてしるしをつけた。それからもう1本の糸を張り，この2本の糸を使って，われわれは測定をしながら目盛りの検証を進めていった。

10 太陽系外惑星

ニュートンの「宇宙体系」は，太陽系のものである。しかしほかの恒星も，万有引力によって保たれた軌道をもつ惑星を従えている可能性がある。フォントネルはすでに，「考えられる世界の複数性」を思いえがいていた。最初の太陽系外惑星は，1995年に発見された。「ほかの世界」が存在する可能性は，フォントネルと同じくわれわれの想像力をかきたてる。どこかの恒星のまわりに，生命がある惑星，つまりもうひとつの地球が存在するのだろうか。ニュートンがそのようなことを考えたかどうかは，わからない。

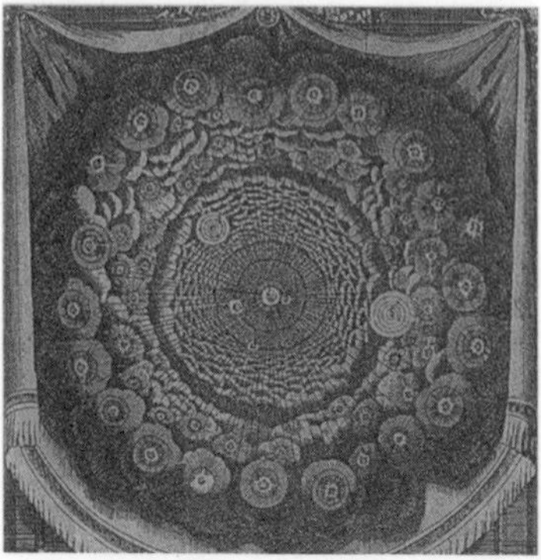

⇧フォントネルの『世界の複数性についての対話』（1719年）から抜粋された版画――中央に太陽が描かれ，そのまわりを惑星（水星，金星，地球，火星，木星，土星）がかこみ，さらに太陽系のまわりをほかの惑星系がまわっている。しかしフォントネルはデカルトの渦動説を支持していたため，それぞれの惑星系のまわりに渦動を描くよう版画家に注文をつけた。

「ホット・ジュピター」

これらの「太陽系外惑星」が最初に発見されたのは，1995年にさかのぼる。太陽よりもわずかに質量が少なく，太陽よりも数十億歳高齢のペガスス座51番星のまわりをまわるこの惑星は，スイスの研究者ミシェル・マイヨールとディディエ・クロッツによって発見された。その質量は，少なくとも木星の45パーセントはあり，公転周期は4.23日で，これは水星の公転周期の20分の１以下にあたる。のちに，似たような惑星が次々と発見された。（略）これは，太陽型の恒星の１パーセントが，公転周期が1週間を超えない木星サイズの惑星を持っていることを意味する。質量の大きさと恒星との近さから，こうした惑星は「ホット・ジュピター」（熱い木星）と呼ばれている。

ジャック・J.リソエ

『ラ・ルシェルシュ』所収，

2002年12月

どのようにして，これほど質量の大きい惑星が，恒星にこれほど近い場所でできたのか

ペガスス座51番星bが現在位置する，原始星雲の中心部の温度は，きわめて高い。そのため，微粒子の凝縮と岩石の中

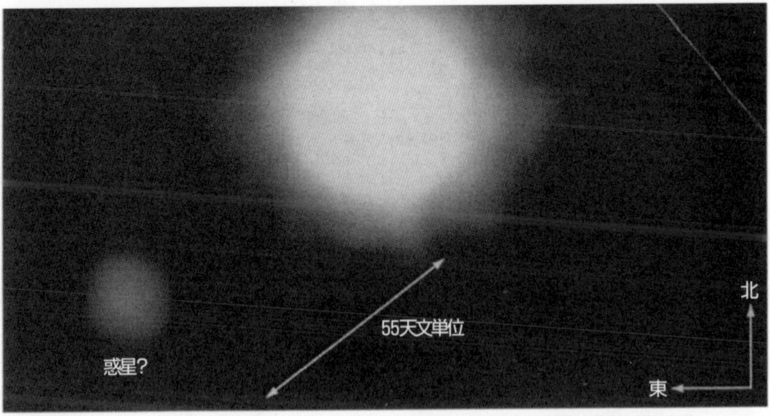

⇧写真の中央は，うみへび座の褐色矮星2M1207。その左側に見えるのは，太陽系外惑星と思われる。

心の成長は，そこでは現実問題として不可能である。さらに悪いことがある。恒星が星雲のガスにおよぼす（微粒子を外部に投げだす）潮汐力は，巨大な惑星をつくるための物質の凝集を局所的にさまたげる。こうした矛盾を説明するために，この惑星はもっと遠く，3天文単位以上遠い場所で形成されたという仮定が生まれた。その後だんだんと軌道がずれていき，現在の位置にまで到達したというのである。しかし，ここで重要な問題が浮かびあがってくる。(太陽系の大きな惑星である）木星，土星，天王星，海王星は，いま観測されている軌道とは別の場所でつくられたのだろうか，ということである。

ジル・シャビエ&トリスタン・ギヨ
『ラ・ルシェルシュ』所収，
1996年9月

やがて写真撮影も?

現在（1999年），それら（太陽系外惑星）を直接写真に撮ることは，まだ技術的に不可能である。それらの惑星自体の重力によって「母恒星」におよぼす動きを，観測することができるだけである。その動きは，その周期と幅が（ニュートンの法則を適用することで）惑星の質量を教えてくれるのだが，恒星のスペクトルの変動によって示される。

ジャン・シュネーデル
『ラ・ルシェルシュ』所収，
1999年6月

2005年の春，新しい光学的手法によって技術的な問題がとりのぞかれたようである。3月22日から5月30日にかけて，4つの研究グループが太陽系外惑星の写真撮影に成功したと発表した。

（フランス語版編集部）

ニュートン略年譜

年	事項・作品
1632	ガリレオ・ガリレイが『天文対話』を出版。
1642	ガリレオが死去する。 12月25日，アイザック・ニュートンが，イギリスのリンカンシャーのウールスソープ村に生まれる。
1644	母が再婚する。ニュートンは，ウールスソープに残り祖母の手で育てられる。
1645	イギリスで王立協会が設立される。最初の7人のメンバーのうち，4人が天文学者（オズー，ピカール，ロベルヴァル，ホイヘンス）だった。
1656	母が再婚した夫と死別し，3人の子供を連れてウールスソープに戻る。ニュートンも呼び戻される。 クリスティアーン・ホイヘンスが，タイタンという土星の衛星を発見する。
1661	ケンブリッジ大学のトリニティ・カレッジに入学する。
1665	6月，ペストの大流行によりケンブリッジ大学は閉鎖され，生まれ故郷に一時帰省する。 ピエール・プティが，『彗星の性質に関する研究』を発表する。 オズーがルイ14世に天文台の建設を提案する。
1666	フランスの科学アカデミーが，宰相コルベールによって設立される。 微積分法，光学（色彩論），万有引力の法則を発見する。（「驚異の年」）
1667	パリ天文台の建設が始まる。
1669	コルベールが，パリ天文台長として，ジャン=ドミニク・カッシーニを呼び寄せる。 ケンブリッジ大学の数学教授バローの後継者となる。 新しい種類の反射望遠鏡を発明し，王立協会に提出する。
1671	カッシーニが，イアペトゥスという土星の衛星を発見する。
1672	パリ天文台が完成する。 1月11日の会議で，王立協会の会員に選ばれる。 2月，オルデンバーグへの手紙で自分の光学を語り，『哲学会報』で

	発表された。
	カッシーニが，レアという土星の衛星を発見する。
1675	オーレ・レーマーが，初めて光の速さを測定することに成功する。
1676	ピカールが81年までの5年間にわたってフランス全土の測定を行い，ラ・イールと共に沿岸地方の最初の正確な地図を作製した。
1678	エドモンド・ハリーが，王立協会の会員に選ばれる。
1682	ジャン・ピカールが地球の半径を測定したことより，引力は距離の2乗に反比例するという仮説が証明される。
1686	『自然哲学の数学的原理』（『プリンキピア』）の初版を刊行する。
1699	フランスの科学アカデミーの外国人会員に選ばれる。
1704	『光学』を刊行する。
1705	ハリーが，過去の彗星の観測記録から，彗星が次に出現する時期を予言する。
1727	3月20日，死去する。
1735	科学アカデミーは，地球は両極が扁平であるというニュートンの説を立証するために，調査隊を送ることを決める。
1745	アレクシス・クレローが，シャトレー夫人と共に，『プリンキピア』のフランス語に翻訳を始める。
1774	ウィリアム・ハーシェルが，オリオン大星雲を発見する。
1781	ハーシェルが，天王星を発見する。
1846	9月，海王星が発見される。（同時期に，イギリス人アダムスとフランス人ル・ヴェリエが，別々に海王星の位置を算出する。）

INDEX

あ

か

さ

た

INDEX

出典(図版)

【表紙】

表紙◉ニュートンの肖像　彩色版画
表紙の背景◉ハリー彗星　衛星写真　1986年

【口絵】

5/11◉『天体観測』　C.ドナートの絵画　ヴァチカン絵画館

【第1章】

14◉ウールスソープのニュートンの家　水彩画　王立協会　ロンドン
15◉プリズムを使った光の実験　『自然哲学の数学的要素』所収の版画　ロンドン　1747年
16◉1665年のロンドンにおけるペスト　版画　モードリン・カレッジ　ケンブリッジ
17上◉ケプラーの『世界の調和』の本扉　国立工芸学校図書館　パリ
17下◉ガリレイの『天文対話』の本扉　国立工芸学校図書館　パリ
18◉滝の水の視覚効果　水彩画　王立協会　ロンドン
19下◉ペルーで観測された虹の現象　『南アメリカの旅の歴史的報告書』所収　マドリード　1748年　フランス学士院図書館　パリ
20◉『ニュートンの肖像』　絵画　19世紀　科学アカデミー　パリ
20/21◉プリズムを使って色の分解を証明する実験　『自然哲学の数学的要素』所収の版画　ロンドン　1747年
22◉宇宙の描写　版画　1689年　装飾芸術図書館　パリ
23◉ニュートンとリンゴ　着色石版画　1900年ころ
24◉太陽系　18世紀　国立図書館　パリ
25◉ヴェネツィアの総督と元老院に天体望遠鏡の説明をするガリレイ　フレスコ画　1841年　フィレンツェ
26/27◉ティコ・ブラーエの平面天球図　『大宇宙の調和』所収の版画　1718年
28/29◉コペルニクス体系　『大宇宙の調和』所収の版画　1718年
30◉デカルトの渦動説の説明図　版画　17世紀　ジュネーヴ図書館
31上◉宇宙体系をつくりあげるデカルト　版画　1791年　国立図書館　パリ

【第2章】

32◉『17世紀のパリ天文台』　絵画　ビュシー＝ラビュタン城　コート＝ドール県
33◉『科学アカデミーの設立』（部分）　C.ルブランの絵画　ヴェルサイユ宮殿
34/35◉『科学アカデミーの設立，1666年と，天文台の創設，1667年』　H.テストランの絵画　ヴェルサイユ宮殿
36上◉ホイヘンスの時計の図面　天文台図書館　パリ
36下◉オズーのマイクロメーターの図版　『科学アカデミー紀要』所収　国立工芸学校図書館　パリ
37◉『クリスティアーン・ホイヘンス』　絵画　ホフウィック博物館　オランダ
38◉パリ天文台　版画　18世紀
39上◉カッシーニ時代のパリ天文台とマルリー塔　版画　天文台図書館　パリ
39下◉惑星の調査　『宇宙の描写』所収の版画　1683年　装飾芸術図書館　パリ
40/41下◉パリの子午線　版画　科学アカデミー　パリ
41上◉「科学アカデミー会員諸氏の観測にもとづき国王の命令により修正されたフランスの地図」　版画　天文台図書館　パリ
42◉『カッシーニの肖像』　絵画　天文台図書館　パリ
43◉デンマークのティコ・ブラーエの天文台　ブラウの地図帳　17世紀　ロッテルダム海洋博物館
44◉ティコ・ブラーエの器具　『天文学の観測装置』所収の4つの版画　ヴェネツィア　17世紀
左上　天文六分儀
右上　半円儀
左下　太陽四分儀
右下　可動式四分儀
45◉ティコ・ブラーエの天文台　ブラウの地図帳所収の版画　「いくつもの部門の用途」
46/47◉ジャン・ピカールの地球の測定　1671年　セバスティアン・ルクレールの版画　国立工芸学校図書

出典(図版)

館　パリ
48上◉ギアナのカイエンヌ島　版画　17世紀　国立図書館　パリ
48下◉カイエンヌ川とカイエンヌ島の眺め　版画　装飾芸術図書館　パリ
49◉リシェの『天体観測』の本扉　17世紀
50左◉レーマーの天文台　版画　18世紀　天文台図書館　パリ
50右◉レーマーの肖像　版画　18世紀
51◉レーマーの子午線望遠鏡　版画　18世紀　パリ天文台

【第3章】

52◉南西方向へのロンドンの眺め　彩色版画　ロンドン　18世紀
53◉ニュートンの反射望遠鏡　写真　1671年　王立協会　ロンドン
54上◉『哲学会報』の本扉　1666年　天文台図書館　パリ
55上◉『ジュルナル・デ・サヴァン』の本扉　1665年　天文台図書館　パリ
54/55◉トリニティ・カレッジ　ケンブリッジ『カンタブリジア・イルストラタ』　1690年
56/57◉『天体機械』所収の天文学者ヘヴェリウスの大望遠鏡　1670年
57上◉反射望遠鏡集から抜粋した版画　国立図書館　パリ
58◉ジェームズ・グレゴリーが1663年に考案した反射望遠鏡の原理　デッサン　新しい着想によるカセグレンの反射望遠鏡　同上
59◉ニュートンの反射望遠鏡のデッサン　王立協会　ロンドン
60左◉ニュートンの光の実験　版画　19世紀
60右◉光の分解　写真　科学技術博物館　パリ
61◉ライプニッツ　版画　18世紀
62/63◉『ワン・トゥリー・ヒルから見たクイーンズ・ハウス』　絵画　1680年　グリニッジ国立海事博物館　ロンドン
63◉『ジョン・フラムスティード』　画家不詳の絵画　1680年ころ　ナショナル・ポートレート・ギャラリー　ロンドン
64◉オックスフォードのモードリン・カレッジ　E.デイズの水彩画
64/65◉天体観測　版画　国立図書館　パリ
66◉さまざまな彗星の通過　版画　装飾芸術図書館　パリ
67◉彗星の通過　版画　国立図書館　パリ
68◉1664年の彗星の描写　版画
69上◉プティの彗星の性質に関する研究　版画　1665年　天文台図書館　パリ
69下◉ヘヴェリウスの彗星のデッサン　1650年　ジュネーヴ図書館
70/71◉1680年のニュルンベルクの彗星　絵画　19世紀

【第4章】

72◉『ニュートン』　絵画　1726年　ナショナル・ポートレート・ギャラリー　ロンドン
73◉『新しい実験』所収の真空の力に関する実験　版画　17世紀　個人蔵
74上◉メランの月の地図　版画　17世紀　国立図書館　パリ
74/75◉極地をよりはっきり見るための北半球図　1714年　版画　18世紀　国立図書館　パリ
76◉1680年にローマで見えた彗星　版画　18世紀　国立図書館　パリ
77◉カッシーニによる「王立パリ天文台での1682年の彗星の観測」　版画　17世紀　国立図書館　パリ
78◉ニュートンの『プリンキピア』の初版本　1686年　フランス学士院図書館　パリ
79左◉訂正されたニュートンの『プリンキピア』の原稿　王立協会　ロンドン
79右◉ニュートンの『プリンキピア』の1ページ　フランス学士院図書館　パリ
80◉リチャード・フィリップスによるエドモンド・ハリーの肖像　版画　ナショナル・ポートレート・ギャラリー　ロンドン
81◉『印刷工』（印刷所の一部分）　絵画　個人蔵
82◉1666年ころのサミュエル・ピープスの肖像　ナショナル・ポートレート・ギャラリー　ロンドン

出典(図版)

83上◉『18世紀のロンドンのコーヒーハウスの一室』 絵画 大英博物館 ロンドン
83下◉『海景, 月光』 J.ヴェルネの絵画 ルーヴル美術館 パリ
84左◉水圧装置 版画 16世紀
84右◉パスカルの『大気の重さについて』の図版 版画 1663年
85◉蒸気の噴出によって前進する車 ニュートンの第3法則「作用と反作用」の実験による証明 W.フラーフェザンデによる『物理数学原理』所収 版画 18世紀

【第5章】

86◉地球 欧州宇宙機関の衛星メテオサットが撮影した写真
87◉『哲学会報』の本扉 18世紀 フランス学士院図書館 パリ
88左◉ニュートンの『光学』の初版本の本扉 1704年
88右◉A.ヴェリオによるニュートンの肖像画 バーリー・ハウス スタンフォード リンカンシャー
89◉ニュートンの『光学』の図版 天文台図書館 パリ
90上◉振り子 版画 18世紀 国立図書館 パリ
90/91◉ヤルキ平野における観測地点の眺め『ラ・コンダミーヌのペルー旅行記』所収 版画 18世紀 天文台図書館 パリ
91上◉『P.L.モロー・ド・モーペルテュイの肖像』 絵画 1743年 パリ天文台
92◉コルタン=ニエミの家とキッティス山の眺め ウーティエ神父の『北方への旅日誌』所収の版画 1744年 天文台図書館 パリ
93◉小さなそりにつながれたトナカイ ウーティエ神父の『北方への旅日誌』所収の版画 1744年 天文台図書館 パリ
94◉ペルーでのブーゲの測定『地球の姿』所収 天文台図書館 パリ
95左◉キトの子午線の地図 ラ・コンダミーヌの「子午線の最初の3度の測定」 天文台図書館 パリ
95右◉トルネオ川の地図 ウーティエ神父の『北方への旅日誌』所収 天文台図書館 パリ
96◉1836年のハリー彗星 天文学者トーマス・マクレアーのデッサン 王立グリニッジ天文台
97◉『東方の三博士の礼拝』 ジョットの絵画 パドヴァ
98/99◉彗星を指さす占星術師たち バイユーのタピスリー バイユー博物館
100/101◉1743年のカルタヘナで観測された空の現象 版画 18世紀 プーシキン博物館 モスクワ
102◉彗星の大旅行『星々, 夢のように美しい光景』のためのJ.J.グランヴィルの挿絵 1849年 国立図書館 パリ
103左上◉デッサン
103右上◉彗星 ドーミエのデッサン 19世紀 個人蔵
103下◉ボン・マルシェの上のハリー彗星 広告のイラスト 1910年 個人蔵
104上◉『シャトレー夫人の肖像』 ラ・トゥールの作品にもとづく絵画 ブルトゥイユ侯爵コレクション
104下◉シャトレー=メシエ夫人が翻訳した『プリンキピア』の1ページ 天文台図書館 パリ
105◉メシエによる1682年の彗星の軌道が記された北半球の地図 天文台図書館 パリ
106上◉1835年のハリー彗星の通過 版画 19世紀
106下◉ハリー彗星 1910年4月21日にペルーで撮影された写真
107◉ハリー彗星 1986年4月24日にオーストラリアで撮影された写真
108◉レ・ブラーメによる十二宮のなかに数えられる星座の一覧表 ル・ジャンティの『1761年から1769年にかけてのインドの海の旅』所収の版画 18世紀
108/109◉オリオン星雲 1774年3月27日 メシエ『アカデミー紀要』所収 フランス学士院図書館 パリ
109◉オリオン星雲 R.ロワイエ撮影の写真
110/111◉1986年に「ヴォイジャー2号」が撮影した写真をもとに合成した, 天王星, アリエル, ウンブリエル, オベロン, チタニア,

出典(図版)

ミランダのイメージ
111上◉『ウィリアム・ハーシェルの肖像』 W.アルトーの絵画 19世紀 王立天文学会 ロンドン
111下◉スラウ天文台のW.ハーシェルの大望遠鏡 版画 19世紀
112◉ハリー彗星の動きと惑星の軌道が記された太陽系の地図 ロンドン 1857年
113◉『ウルバン・ル・ヴェリエの肖像』 ジャコモッティの絵画 ヴェルサイユ宮殿
114/115◉ジェット推進装置を使って宇宙遊泳するブルース・マッカンドレス宇宙飛行士 1984年2月7日
116◉ハリー彗星 1986年に発表された衛星写真 『MPG＝プレスビルト』所収

【資料篇】

117◉ニュートンの光学 版画 パリ天文台
119◉完全な内部の分散と反射による虹の形成 『実験によって確認された自然哲学の数学的要素』所収の版画 ロンドン 1747年
120/121◉ニュートンの光学 版画 パリ天文台
126◉ヴォルテールの肖像 1790年 デッサン 国立図書館 パリ
128◉ダヴィッド『マラーの死』1798年 ベルギー王立美術館
129◉『ニュートンの哲学の原理』の寓意的な口絵 ヴォルテール 1738年
131◉冠をかぶったユピテル ニュートンのデッサン ヨハンネス・デ・モンテ＝スナイデル『惑星の変容』による 1663年 ハーヴェイ・クッシング／ジョン・ヘイ・ウィットニー医学図書館 イェール大学
132◉賢者の石の図を写したもの ニュートンのデッサン バブソン・カレッジ図書館 アメリカ
135◉ウェストミンスター寺院内のニュートンの墓と記念碑 版画
138◉ニュートンの記念堂の設計図 ドレピーヌ(上)とブーレ(下)によるもの 版画 19世紀
141◉『ニュートン』 ウィリアム・ブレイクの版画 1795年 テート・ギャラリー ロンドン
146◉『赤道の向こう側の子午線の最初の3度の測定，第2部，子午線の弧の天文学的測定』の表紙のデッサン パリ天文台
148◉太陽系惑星 フォントネル『世界の複数性についての対話』所収の版画 1719年
149◉太陽系外惑星の最初の（？）写真 2005年 ヨーロッパ南天天文台

CRÉDITS PHOTOGRAPHIQUES

Ann Ronan Picture Library 15, 21, 60g, 85, 88g, 112, 118. Archives Gallimard 17, 19, 36b, 58, 78, 79d, 87, 89, 104b, 123, 125, 131, 140, 144. Artephot 26/27, 28, 29, 37, 111h. Bibl. nat. 46, 47, 57h, 64b, 65, 67h, 67b, 76, 90h.133. Bridgeman-Giraudon 83h. Bridgeman Art Library 16, 53, 64h, 88d, 136. British Museum, Bulloz 81. Charmet 20, 22, 23, 31, 39b, 48h, 48b, 66, 102, 103, 128h, 128b, 136. Cosmos/NASA/Science Photo Library 115. Cosmos, SPL 86, 96, 106b, 107, 109, 110/111g, 114, 138, 139, 140, 141. Dagli-Orti 25, 43, 45. Droits réservés 14, 18, 28, 53, 54b/55b, 59, 79g, 128, 129, 135. Edimedia 52, 74h, 100/101. ESO 141. Explorer-Archives 30, 68b, 69b, 73. Giraudon 56, 97. Lauros-Giraudon 24, 32, 33, 74b, 75, 104h, 113. MPG-Pressebild 116. National Maritime Museum Greenwich 62, 63g. National Portrait Gallery 63d, 72, 80, 82. Observatoire de Paris 36h, 38, 39h, 40/41, 42, 50, 51, 54h, 55h, 69h, 90b, 91h, 91b, 93, 94, 95, 105, 119, 120, 121, 138, 139. Palais de la découverte 60d. Réunion des musées nationaux 34/35, 83b. Roger-Viollet 44h, 44b, 61. Tapabor 68h, 70/71, 98/99, 103, 111b. Viollet 84g, 84d.

参考文献

◉ニュートン関連
『アイザック・ニュートン』（1・2） リチャード・S.ウェストフォール著　田中一郎／大谷隆昶訳　平凡社（1993年）
『ニュートン』 島尾永康著　岩波書店（岩波新書評伝選）（1994年）
『ニュートンの海』 ジェイムズ・グリック著　大貫昌子訳　NHK出版（2005年）
『ニュートン』 E.N.ダ.C.アンドレード著　久保亮五／久保千鶴子訳　河出書房新社（1977年）
『アイザク・ニュートン』 エス・イ・ヴァヴィロフ著　三田博雄訳　東京図書（1985年）
『人類の知的遺産37　ニュートン』 萩原明男著　講談社（1982年）
『ニュートンと重力』 P.M.ラッタンシ著　吉仲正和訳　玉川大学出版部（1991年）
『ニュートン力学の誕生』 吉仲正和著　サイエンス社（ライブラリ科学史1）（1982年）
『ニュートンの光と影』 渡辺正雄編著　共立出版（1982年）
『ニュートン復活』 J.フォーベル編　平野葉一／川尻信夫／鈴木孝典訳　現代数学社（1996年）
『ニュートン自然哲学の系譜』 吉田忠編　平凡社（1987年）
『ニュートン力学の形成』 ベー・エム・ゲッセン著　秋間実／稲葉守／小林武信／渋谷一夫訳　法政大学出版局（1986年）
『世界の名著31　ニュートン』 中央公論社（中公バックス）（1979年）
『光学』 ニュートン著　島尾永康訳　岩波文庫（1983年）

◉天文学史関連
『天文学史』 桜井邦朋著　筑摩書房（ちくま学芸文庫）（2007年）
『はじめての地学・天文学史』 矢島道子／和田純夫編　ベレ出版（2004年）
『天文学史の試み』 広瀬秀雄著　誠文堂新光社（1981年）
『現代天文学講座　第15巻　天文学史』 中山茂編　恒星社厚生閣（1982年）
『天の科学史』 中山茂著　朝日新聞社（朝日選書263）（1984年）

[著者] ジャン＝ピエール・モーリ

1937年生まれ。2001年没。パリ第7大学で物理学を教えていた。物理学の教科書や科学の入門書を数多く出版。おもな著書に，『星界の使者ガリレイ』（1986年）や『地球はどのようにして丸くなったか』（1989年）がある。

協力：フランソワーズ・バリバール（本シリーズ59『アインシュタインの世界』の著者）

[監修者] 田中一郎（たなかいちろう）

1947年兵庫県生まれ。1973年，東京大学大学院科学史・科学基礎論修士課程修了。同年，日本大学理工学部物理学教室助手。1978年より金沢大学教養部助教授を経て，現在，同大学大学院自然科学研究科教授。おもな著書に『ガリレオ』（中公新書），『万有引力とプリズム』（共著，国土社），『ガリレオの斜塔』（共著，共立出版社），『科学史の世界』（共著，丸善）。おもな訳書に『ニュートン・光学』（朝日出版社），『ガリレオの生涯』（共立出版社），『アイザック・ニュートン』（共訳，平凡社）などがある。

[訳者] 遠藤ゆかり（えんどう）

1971年生まれ。上智大学文学部フランス文学科卒。訳書に本シリーズ 84，93，97，100，102，106〜109，114〜117，121〜124，126〜131，134，135，137，138『私のからだは世界一すばらしい』（東京書籍）などがある。

「知の再発見」双書139

ニュートン──宇宙の法則を解き明かす

2008年8月10日第1版第1刷発行

著者	ジャン＝ピエール・モーリ
監修者	田中一郎
訳者	遠藤ゆかり
発行者	矢部敬一
発行所	株式会社 創元社 本　社❖大阪市中央区淡路町4-3-6 TEL(06)6231-9010㈹ FAX(06)6233-3111 URL❖http://www.sogensha.co.jp/ 東京支店❖東京都新宿区神楽坂4-3煉瓦塔ビル TEL(03)3269-1051㈹
造本装幀	戸田ツトム
印刷所	図書印刷株式会社

落丁・乱丁はお取替えいたします。

©Printed in Japan ISBN 978-4-422-21199-2

◎好評既刊◎

B6変型判/カラー図版約200点

「知の再発見」双書
科学史シリーズ11点

⑨天文不思議集
荒俣宏〔監修〕

⑰化石の博物誌
小畠郁生〔監修〕

㊾宇宙の起源
佐藤勝彦〔監修〕

㊿人類の起源
河合雅雄〔監修〕

(72)錬金術
種村季弘〔監修〕

(74)数の歴史
藤原正彦〔監修〕

(96)暦の歴史
池上俊一〔監修〕

(99)ダーウィン
平山廉〔監修〕

(104)写真の歴史
伊藤俊治〔監修〕

(104)ノストラダムス
伊藤進〔監修〕

(108)アラビア科学の歴史
吉村作治〔監修〕